BIBLIOTHÈQUE GÉNÉRALE DES SCIENCES

LE

CALCUL SIMPLIFIÉ

LE
CALCUL SIMPLIFIÉ

PAR LES

PROCÉDÉS MÉCANIQUES ET GRAPHIQUES.

HISTOIRE ET DESCRIPTION SOMMAIRE DES INSTRUMENTS ET MACHINES A CALCULER,
TABLES, ABAQUES ET NOMOGRAMMES,

PAR

Maurice d'OCAGNE,

Ingénieur des Ponts et Chaussées,
Professeur à l'École des Ponts et Chaussées,
Répétiteur à l'École Polytechnique.

SECONDE ÉDITION,
entièrement refondue et considérablement augmenté

PARIS,

GAUTHIER-VILLARS, IMPRIMEUR-LIBRAIRE

DU BUREAU DES LONGITUDES, DE L'ÉCOLE POLYTECHNIQUE,
Quai des Grands-Augustins, 55.

—

1905

AVERTISSEMENT

DE LA DEUXIÈME ÉDITION.

La première édition de ce livre provenait de la réunion de conférences faites en 1893 au Conservatoire des Arts et Métiers.

En ce qui concerne le calcul mécanique, maints documents, qui nous ont été révélés depuis lors, nous ont permis de compléter et de préciser divers points seulement effleurés dans cette première édition, et même d'en aborder nombre de nouveaux. Parmi ces documents, nous devons une mention spéciale aux Ouvrages très importants de MM. von Bohl et Mehmke, ainsi qu'au Catalogue de M. Walther Dyck, cités ci-dessous. Les deux premiers, tout en s'inspirant du plan général de notre propre travail, y ont ajouté des développements considérables auxquels, à notre tour, nous faisons aujourd'hui de nombreux emprunts.

D'autre part, l'extension prise en ces dernières années par le calcul nomographique nous a conduit à lui réserver, dans cet exposé d'ensemble, une plus large place.

Nous ne visons d'ailleurs ici que les calculs immédiatement réductibles aux opérations fondamentales de l'Arithmétique et à la résolution des équations numériques. L'Intégration graphique reste en dehors de notre sujet ; de même, l'Analyse harmonique.

Nous sommes redevable de renseignements précieux au Lieutenant-Colonel du Génie Bertrand, dont l'érudition n'a d'égale que l'obligeance, et qui a bien voulu, ainsi que

M. Barriol, ancien Élève de l'École Polytechnique, sous-
chef de division à la Cie P.-L.-M., revoir avec nous les
épreuves de cet Ouvrage.

Nous leur en exprimons ici à tous deux nos bien sincères
remercîments.

Nous avons maintenu en Annexe la Note dans laquelle,
lors de la première édition, nous avons donné la première
description complète qui ait jamais été faite de la machine
Tchebichef. Nous y avons joint une seconde Note destinée
à faire connaître le mode de représentation schématique
très curieux imaginé par le Lieutenant-Colonel Bertrand
pour rendre compte, sur une figure plane, du jeu de la machine à différences de Scheutz. Cette méthode descriptive
pourrait d'ailleurs être utilement appliquée à d'autres machines.

Enfin, nous avons inséré dans cette nouvelle édition des
indications bibliographiques aussi nombreuses et aussi pré-
cises que possible, afin de permettre au lecteur de se pro-
curer tous les renseignements de détail dont il pourrait
avoir besoin sur telle ou telle partie du sujet.

ADDENDUM.

Page 31, après le second alinéa, relatif à la machine Pereire, ajouter le suivant :

« Une machine de même type a été proposée récemment (*Annales des Ponts et Chaussées*, 3ᵉ trimestre 1900, p. 356) par un ingénieur italien, M. Fossa-Mancini, qui en a très heureusement combiné les dispositions mécaniques, imaginant notamment un ingénieux système pour contrebalancer l'effet des forces d'inertie lorsqu'on fait fonctionner la machine avec une aussi grande rapidité que l'on veut. »

LISTE DE QUELQUES ABRÉVIATIONS

EMPLOYÉES DANS LES CITATIONS BIBLIOGRAPHIQUES.

F. T. — A. Favaro, *Leçons de Statique graphique,* t. II : *Calcul graphique*. Traduction Terrier. Paris, 1885.

C. D. — C. Dietzschold, *Die Rechenmaschine*. Leipzig, 1886.

W. D. — Walther Dyck, *Katalog mathematischer und mathematisch-physikalischer Modelle, Apparate und Instrumente*. Munich, 1892. Supplément en 1893.

V. B. — Von Bohl, *Appareils et machines pour le calcul mécanique* (en russe). Moscou, 1896.

T. N. — M. d'Ocagne, *Traité de Nomographie*. Paris, 1899.

E. S. — M. d'Ocagne, *Exposé synthétique des principes fondamentaux de la Nomographie*. Paris, 1903.

M. — R. Mehmke, *Numerisches Rechnen* (*Encyklopädie der mathematischen Wissenschaften*. Leipzig, 1902).

C. R. — *Comptes rendus de l'Académie des Sciences.*

S. E. — *Bulletin de la Société d'encouragement pour l'Industrie nationale.*

G. C. — *Génie civil.*

P. J. — *Polytechnisches Journal* de Dingler.

Nota. — Si une référence bibliographique est donnée de seconde main, d'après un autre Ouvrage, celui-ci est cité entre parenthèses immédiatement à la suite de cette référence.

LE

CALCUL SIMPLIFIÉ

PAR LES

PROCÉDÉS MÉCANIQUES ET GRAPHIQUES.

INTRODUCTION.

Le présent Ouvrage a pour but l'historique rapide et la
description sommaire, faits à un point de vue général, des
divers procédés qui ont été imaginés en vue de simplifier le
calcul numérique.

A ceux que leurs occupations journalières n'ont pas suffisamment édifiés sur ce point, il convient tout d'abord de
faire pressentir l'utilité, on peut même dire la nécessité,
qui s'attache à une telle simplification.

L'importance du calcul s'affirme tout aussi bien dans le
domaine de la théorie que dans celui de la pratique. Les
progrès matériels réalisés par notre civilisation dérivent
tous, plus ou moins directement, de la Science. Or, la
Science ne saurait elle-même progresser sans le secours
permanent du Calcul. Et il ne s'agit pas seulement ici des
sciences anciennement dites *exactes,* comme la Mécanique
et l'Astronomie, où le Calcul joue un rôle essentiel, mais
encore de celles qui n'étaient considérées naguère qu'à
titre de sciences expérimentales ou d'observation, et cela

D'O.   1

en raison de la précision qu'une évolution contemporaine a fait pénétrer dans leurs méthodes.

Dans toutes les branches de la Physique, voire même en Chimie, la formule mathématique a pris une importance capitale. Il n'est pas jusqu'à la Physiologie qui n'y ait aussi recours, depuis qu'a été reconnue la nécessité de faire intervenir la notion de mesure dans l'étude des faits qui sont de son domaine.

Aussi peut-on, aujourd'hui plus que jamais, répéter avec Platon que *les nombres gouvernent le monde*. Mais, a pu ajouter quelqu'un, ils le gouvernent sans l'amuser.

Un mathématicien, bien connu à Paris pour y avoir, pendant plusieurs années, occupé le poste d'ambassadeur d'Italie, le général Menabrea, a écrit les lignes suivantes ([1]) :

« Combien d'observations précieuses restent inutiles aux progrès des sciences parce qu'il n'y a pas de forces suffisantes pour en calculer les résultats! Que de découragement la perspective d'un long et aride calcul ne jette-t-elle pas dans l'âme de l'homme de génie qui ne demande que du temps pour méditer et qui se le voit ravi par le matériel des opérations! Et pourtant c'est par la voie laborieuse de l'analyse qu'il doit arriver à la vérité; mais il ne peut la suivre sans être guidé par des nombres, car, sans les nombres, il n'est pas donné de pouvoir soulever le voile qui cache les mystères de la nature. »

Si le calcul est l'auxiliaire indispensable de la recherche scientifique, il est l'outil même au moyen duquel les principes découverts grâce à cette recherche sont mis en œuvre en vue des applications pratiques. C'est ainsi que le navigateur, le géodésien, l'artilleur, le mécanicien, l'électricien,

---

([1]) *Notions sur la Machine analytique de Ch. Babbage* (*Bibliothèque universelle de Genève*, t. XLI, p. 352).

le financier, l'ingénieur, etc., sont astreints à y avoir sans cesse recours; pour chacun d'eux le calcul constitue une partie importante, non la moins pénible assurément, du labeur quotidien. La simplification du calcul apporte au travailleur une large part de soulagement; mais parfois elle fait mieux encore, en rendant possibles, voire même faciles, des opérations qui, sans cela, exigeraient un effort dispro- portionné avec le résultat à obtenir et que nul, peut-être, ne se soucierait de dépenser.

Cette affirmation, bien entendu, ne tient pas compte d'exceptions célèbres qui pourraient par hasard la faire tomber en défaut. On sait, en effet, que la puissance'cal- culatrice a atteint chez certains individus une intensité qui tient du prodige.

L'histoire du calcul a conservé les noms de plusieurs d'entre eux. Nous citerons ([1]) : le jeune Lorrain Mathieu Le Coq qui, alors âgé de huit ans, émerveilla, à Florence, Balthasar de Monconys, lors de son troisième voyage en Italie (1664); Mme de Lingré, qui, dans les salons de la Restauration, faisait, au dire de Mme de Genlis ([2]), les opé- rations de tête les plus compliquées au milieu du bruit des conversations; l'esclave nègre Tom Fuller, de l'État de Virginie, qui, au déclin du XVIIIe siècle, mourut à l'âge de quatre-vingts ans sans avoir appris à lire ni à écrire; le

---

([1]) Ces renseignements sont empruntés à la *Biographie de Henri Mon- deux*, par Émile Jacoby, son professeur (6ᵉ éd.), à un article de M. A. Bé- ligne paru dans la *Revue Encyclopédique* (1892, p. 1295), à la *Psychologie des grands calculateurs et joueurs d'échecs*, par M. Alfred Binet (Hachette, 1894). Ce dernier auteur renvoie aussi à un Mémoire de M. Scripture paru en avril 1881 dans l'*American Journal of Psychology* (Vol. IV, p. 1). On peut consulter encore le rapport de Cauchy sur Mondeux (*C. R.*, 2ᵉ sem., 1840, p. 952), et celui de MM. Charcot et Darboux sur Inaudi (*C. R.*, 1ᵉʳ sem.. 1892, p. 1329).

([2]) *Mémoires*, t. VIII, p. 105. Dans l'opuscule de Jacoby, le nom de Mme de Lingré a été transformé en celui de Lautré.

pâtre wurtembergeois Dinner; le pâtre tyrolien Pierre
Annich; l'Anglais Jedediah ([1]) Buxton, simple batteur en
grange; l'Américain Zerah Colburn, qui fut successivement
acteur, diacre méthodiste et professeur de langues; Dase,
qui appliqua ses facultés de calculateur, les seules d'ailleurs
qu'il possédât, à la continuation des Tables de diviseurs
premiers de Burckhardt pour les nombres de 7 000 000
à 10 000 000; Bidder, le constructeur des Docks de Victoria
à Londres, qui devint président de l'*Institution of civil
Engineers* et transmit en partie ses dons pour le calcul à
son fils Georges; le pâtre sicilien Vito Mangiamelle, qui
possédait, en outre, une grande facilité pour apprendre les
langues; le jeune Piémontais Pughiesi; les Russes Ivan
Petrof et Mikaïl Cerebriakof ([2]); le pâtre tourangeau Henri
Mondeux, qui eut une très grande vogue sous le règne de
Louis-Philippe; le jeune Bordelais Prolongeau; l'homme-
tronc Grandemange venu au monde sans bras ni jambes ([3]);
Vinckler, qui a été l'objet d'une expérience remarquable
devant l'Université d'Oxford ([4]). Enfin nous assistons encore
aujourd'hui aux merveilleux tours de force arithmétiques
du Piémontais Jacques Inaudi, lui aussi pâtre à ses débuts,
et qui a trouvé un émule en la personne du Grec Dia-
màndi ([5]). On ne saurait manquer d'être frappé du nombre

([1]) Ce prénom et le suivant sont donnés d'après le texte de M. Béligne. Dans
la brochure de Jacoby on les trouve écrits respectivement : Judéiah et Zerald.

([2]) Cités par M. Bobynin dans un article de l'*Enseignement mathématique*
(1904, p. 362) qui confirme la manière de voir, ici émise, sur la distinction
entre calculateurs et mathématiciens. Dans cet article, la plupart des noms
propres sont défigurés (Mondé pour Mondeux, Kolborn pour Colburn, etc.).

([3]) C'est par suite d'une confusion que M. Binet attribue dans son Livre
(p. 189) cette infirmité à Prolongeau. Voir *C. R.*, t. XXXIV, 1852, p. 371.

([4]) D'après l'article de M. H. Laurent sur le *Calcul mental* dans la *Grande
Encyclopédie du* XIXe *siècle*.

([5]) Le livre de M. Binet contient des études très détaillées sur les calculateurs Inaudi et Diamandi appartenant, pour la mémoire des chiffres, l'un au
type auditif, l'autre au type visuel.

de ces calculateurs extraordinaires qui ont passé leur première enfance à garder des troupeaux. Le calcul a d'abord été pour eux un passe-temps propre à tromper l'ennui des longues stations au milieu des champs.

Mais, outre qu'une puissance calculatrice comparable à la leur est extrêmement rare, elle ne s'allie généralement pas à un développement normal des autres facultés. Il semble que le cerveau, tout absorbé par une telle fonction, ne se prête guère à diversifier ses exercices. Car c'est une véritable hérésie, encore bien qu'elle soit fort répandue ([1]), que de voir, dans une grande habileté à calculer, l'indice de dispositions supérieures pour les Mathématiques. Ni l'intuition, ni la logique, qui jouent le principal rôle dans le domaine de ces sciences, ne se lient nécessairement à la grande facilité d'opérer mentalement sur des nombres d'après les règles de l'Arithmétique. Confondre les deux choses, c'est commettre une erreur de jugement aussi grave que celle qui consisterait à prendre une exceptionnelle agilité des doigts sur le clavier d'un piano pour l'indice d'un don remarquable de composition musicale.

([1]) Elle s'étale notamment d'un bout à l'autre de la brochure de l'instituteur de Mondeux, Jacoby, qui, pourtant, cite certains faits propres à la combattre, ceux-ci notamment : « ...Il ne put ou ne voulut jamais entendre un seul mot de théorie, jamais je n'ai pu l'astreindre à faire une démonstration... » (p. 128). — « ...Ainsi, malgré mes leçons et mes peines, Henri sait à peine, j'oserai même dire ne sait pas, les quatre premiers livres de la Géométrie de Legendre.., » (p. 131). — « ...Je n'ai jamais pu obtenir de Mondeux un travail suivi dans la Science qu'il aime tant, je n'ai jamais pu lui faire démontrer ses procédés de calcul... » (p. 150).

Ce que Jacoby raconte en outre (p. 9, 10, 11) de l'échec des tentatives d'éducation mathématique de quelques autres calculateurs prodiges (Dinner, Colburn, Mangiamelle) confirme également la thèse ici soutenue.

Une des particularités les plus curieuses rapportées par Jacoby au sujet de Mondeux consiste en ce que celui-ci était depuis longtemps en possession de tous ses moyens comme calculateur quand on lui apprit la forme des chiffres. Pour nous, qui ne nous figurons les nombres qu'à travers leur représentation par des chiffres, il y a là quelque chose d'invraisemblable.

On cite néanmoins quelques mathématiciens qui furent en même temps d'habiles calculateurs, et parmi les plus illustres : Wallis, Euler, Gauss et Ampère.

Mais il ne faut pas compter avec les exceptions, et l'on peut hardiment avancer que toute simplification apportée dans les procédés du calcul numérique constitue un progrès d'une utilité vraiment générale, en affranchissant les travailleurs de l'ennui et de la fatigue qui accompagnent le calcul, en leur évitant la perte de temps qu'il entraîne, en écartant enfin les chances d'erreurs qu'il comporte.

Les divers modes de simplification imaginés pour le calcul numérique peuvent se ranger dans les six groupes suivants :

1° *Les instruments arithmétiques;*

2° *Les machines arithmétiques;*

3° *Les instruments et machines logarithmiques;*

4° *Les tables numériques (barèmes);*

5° *Les tracés graphiques;*

6° *Les tables graphiques (nomogrammes ou abaques).*

La démarcation entre ces diverses catégories n'est d'ailleurs pas absolue. Tel procédé de calcul simplifié peut se rapporter à la fois à deux d'entre elles : les règles à calcul, réunies dans le troisième groupe, peuvent être classées logiquement, comme on le verra, dans le sixième ; la machine Torrès, rattachée au troisième, a des affinités d'une part avec le second, de l'autre avec le sixième. On s'est efforcé ici de mentionner chaque procédé à la place où son caractère général semble devoir le faire classer le plus naturellement.

I. — LES INSTRUMENTS ARITHMÉTIQUES.

Nous appelons *instruments arithmétiques* les appareils qui permettent d'effectuer manuellement les opérations de l'Arithmétique, sans le secours d'aucun mécanisme : ressorts, cames, engrenages, etc.

De tels instruments ont été imaginés dès la plus haute antiquité et chez tous les peuples. On doit, en effet, y rattacher les antiques *abaques* dont se servaient les Grecs et les Romains, et qui ont donné naissance aux *bouliers,* très répandus en Europe pendant tout le Moyen âge, et encore usités aujourd'hui sous des formes diverses, en Russie (*Stchoty*), en Chine (*Souan-pan*) et au Japon (*Soro-Ban*).

ADDITIONNEURS.

La plus simple des opérations est l'addition. Le principe sur lequel reposent les instruments destinés à l'effectuer est le suivant :

Supposons une réglette graduée mobile devant un index fixe ; si l'on fait franchir successivement cet index à n divisions de la réglette, puis aux n' suivantes, puis aux n'' suivantes, etc., le nombre total des divisions qui auront finalement franchi l'index sera égal à la somme $n + n' + n'' + ...$ ([1]).

Pour appliquer ce principe, il suffit de prendre pour index le zéro d'une réglette fixe portant la même graduation que la réglette mobile et de faire glisser celle-ci le long de la première, en amenant chaque fois en face de l'index le

([1]) Ce principe est, au fond, identique à celui que l'on applique en cumulant les points faits au billard au moyen de boules enfilées sur une tringle ou, plus simplement, en comptant sur ses doigts.

trait de division de la réglette mobile placé en face du trait
de la réglette fixe correspondant au nombre qu'on veut
faire entrer dans l'addition.

Voici, par exemple, pour l'addition 3 + 6, quelles seront
les dispositions successives de la réglette mobile par rapport à la réglette fixe (*fig.* 1).

Fig. 1.

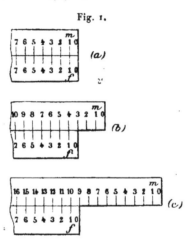

Dans la position (*a*), on pique le trait de la réglette mobile *m*, prolongeant le trait 3 de la réglette fixe *f* et on
l'amène en face du zéro de celle-ci; on obtient ainsi la position (*b*). On pique alors le trait de *m*, prolongeant le trait 6
de *f*, et on l'amène en face du zéro de celle-ci. On a bien
ainsi fait sortir 9 = 3 + 6 divisions de la réglette *m* et on lit
le total 9 de l'addition en face de l'index de la réglette *f*.

Ce principe très simple peut s'appliquer aussi bien au
moyen d'un disque circulaire tournant à l'intérieur d'un
cercle gradué qu'au moyen de deux réglettes.

En l'employant à additionner des nombres un peu plus
grands, on serait conduit à avoir des réglettes de dimensions incommodes. Mais on peut se contenter de donner à

celles-ci dix divisions graduées de o à 9, en plaçant plusieurs systèmes semblables les uns à côté des autres et faisant correspondre le premier à droite aux unités, le second
aux dizaines, le troisième aux centaines, etc. Cette disposition se trouve déjà dans un appareil existant au Conservatoire des Arts et Métiers, et qui a été construit en 1720
par un inventeur du nom de Caze ([1]).

Elle peut d'ailleurs être appliquée au moyen d'un anneau
glissant sur la périphérie d'un disque, ainsi que cela a lieu
dans les appareils Lagrous ([2]) (1828) et Briet ([3]) (1829).

Le point délicat consiste, lorsqu'il s'en présente, à faire
passer les retenues d'une colonne à la suivante. Une remarque ingénieuse permet d'opérer ce report sans que le
maniement de l'appareil se complique le moins du monde ([4]).
Cette remarque, appliquée dès 1847 dans l'appareil Kummer ([5]), l'est encore dans l'Arithmographe de M. Troncet ([6]),
sous la forme que voici (*fig.* 2).

Pour écrire un chiffre dans une des colonnes, on introduit la pointe du stylet dans le creux qui se trouve en face
de ce chiffre inscrit sur le bord de la fente correspondant à

([1]) Elle figurait auparavant dans la machine de Perrault (1700) citée plus
loin à la suite de celle de Pascal.

([2]) *S. E.*, 1828, p. 394.

([3]) *Description des brevets dont la durée est expirée*, t. XXIX, p. 336.

([4]) Voici quelle est cette remarque : supposons qu'après avoir fait avancer
la réglette m de a divisions, on ait à la faire avancer de b divisions et que
$a + b$ soit supérieur à 10. Le chiffre des unités de la somme sera $a + b - 10$.
Or, si l'on ramène le trait de m qui prolonge le trait b de f en face du trait 10
de la réglette f, c'est-à-dire si l'on repousse m de $10 - b$ divisions en arrière,
le trait de m qui vient en face du o de f est celui qui a pour cote $a - (10 - b)$
ou $a + b - 10$, c'est-à-dire le chiffre des unités cherché; on n'a plus, après
cela, pour la retenue, qu'à faire avancer d'une unité la réglette m des dizaines.
C'est là ce qu'on obtient avec le dispositif ci-dessus décrit.

([5]) V. B., p. 14. Cet appareil figure d'ailleurs dans la collection du Conservatoire des Arts et Métiers.

([6]) L'ensemble de cet instrument est représenté par la figure 6, p. 20.

cette colonne. Si les dents qui comprennent ce creux sont blanches, on parcourt la fente avec le stylet de haut en bas jusqu'à ce qu'on heurte le buttoir inférieur. Si, au contraire,

Fig. 2.

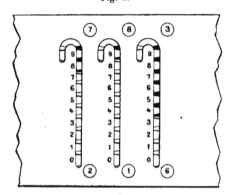

les dents sont noires, ou rouges, on parcourt la fente de bas en haut en poussant jusqu'à l'extrémité de la partie recourbée en forme de crosse.

Cela posé, on n'a qu'à prendre successivement chacun des nombres à additionner, et à écrire, par le procédé qui vient d'être indiqué, le chiffre de ses unités dans la première colonne de droite, celui des dizaines dans la seconde, celui des centaines dans la troisième, etc.; le total s'inscrit dans les lucarnes inférieures. Pour la soustraction, on opère de même, après avoir fait paraître le plus grand nombre dans les lucarnes supérieures où, d'ailleurs, s'inscrira aussi le reste.

Dans d'autres variétés de ces additionneurs, dues à MM. Diakoff ([1]) et Ch. Webb ([2]) (*Ribbon's adder*), les ré-

([1]) V. B., p. 191.
([2]) W. D. (*Supplément*), p. 5. — V. B., p. 25 (M., p. 955).

glettes sont remplacées par des rubans s'enroulant sur des cylindres.

La multiplication a donné lieu, de son côté, à une grande diversité d'instruments dérivant pour la plupart des réglettes népériennes dont il va d'abord être parlé.

MULTIPLICATEURS.

Bâtons de Neper et dérivés.

Jean Napier (ou Neper), baron de Merchiston, en Écosse, l'illustre inventeur des logarithmes, eut l'idée de rendre mobiles les diverses colonnes dont se compose la Table de Pythagore, de façon à pouvoir les juxtaposer dans l'ordre des chiffres du multiplicande, et, en outre, de diviser chaque case en deux par une diagonale, de façon à séparer le chiffre des dizaines du chiffre des unités. Voici dès lors comment on opère pour avoir le produit d'un nombre par un multiplicateur composé d'un seul chiffre, soit par exemple de 365 par 7. On juxtapose, à côté de la colonne o, qui reste fixe, les colonnes 3, 6 et 5 (*fig.* 3). En face du chiffre 7 de

Fig. 3.

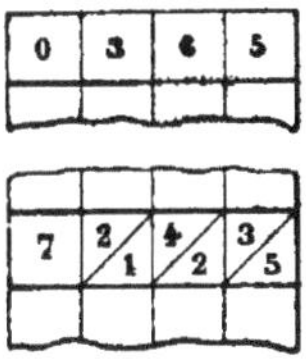

la colonne o, on a alors les produits par 7 des chiffres correspondants du multiplicande; il suffit donc d'ajouter le chiffre des dizaines de chaque case au chiffre des unités de la case voisine de gauche, c'est-à-dire d'additionner *parallèlement aux diagonales*, pour avoir le produit cherché 2555.

C'est en 1617 que, dans sa *Rhabdologie,* publiée à Édimbourg, Neper indiqua ce procédé, réalisé sous forme pratique dans son *Promptuarium.* Il ne le tenait bien certainement de personne. Il est toutefois curieux de noter que la méthode enseignée, dès le xvᵉ siècle, par le mathématicien arabe Alkalçadi, pour effectuer la multiplication, et qui se retrouve dans l'*Arithmétique* de Petrus Apianus (1543), repose sur le même principe que les réglettes de Neper.

On peut, pour se conformer à l'habitude admise, adopter une disposition telle que les additions à effectuer se fassent dans le sens vertical. Il suffit, pour cela, de remplacer les bandes verticales par des bandes inclinées à 45° (*fig.* 4). Il

Fig. 4.

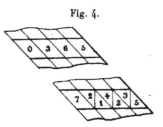

faut remarquer aussi que, par simple découpage en neuf bandes mobiles de la table de Pythagore, on n'a le moyen de représenter que des nombres dans lesquels n'existent pas deux chiffres pareils.

On peut accroître le nombre des colonnes à utiliser en se servant de règles à section carrée dont chacune des quatre faces sert à l'inscription d'une colonne différente de la Table de Pythagore.

Il est préférable encore, comme, dès 1668, le proposait le jésuite Gaspard Schott, dans son *Organum mathematicum,* de substituer aux bandes de Neper des cylindres parallèles dont la périphérie, divisée en dix bandes numérotées de o à 9, reproduit les diverses colonnes de la Table de Pythagore, plus une colonne de o.

L'idée de Schott a d'ailleurs été, depuis lors, remise plusieurs fois en avant, notamment par Grillet, horloger du Roi (1678) ([1]), et par Hélie (1839) ([2]).

Avec Petit (1671) ([3]) les bâtons de Neper s'enroulent sous forme de rondelles sur un tambour cylindrique auquel Leupold (1727) ([4]) substitue un tambour à section décagonale.

Poetius (1728) ([5]) leur donne la forme de cercles concentriques dans sa *Mensula pythagorica* dont des variantes sont proposées par Prahl (1789) sous le nom d'*Arithmetica portatilis*, et par Gruson (1790).

Au *Promptuarium* de Neper peuvent encore être rattachés les procédés de Reyher (1688), de Méan (1731) ([6]), Roussain (1738) ([7]), Jordans (1797), Bardach (1839), Lapeyre (1840), Dubois (1861) ([8]). Dans les appareils de Roussain et de Dubois, certaines bandes de chiffres sont distinguées par des couleurs ([9]).

Le colonel belge Quinemant a disposé les bâtons de Neper suivant des cercles concentriques mobiles les uns par rapport aux autres pour qu'il soit possible d'aligner suivant un rayon les produits partiels à totaliser.

Dans les réglettes de M. Pruvost-le-Guay ([10]), publiées à

([1]) *Journal des Savants*, année 1678, p. 162.

([2]) *C. R.*, 28 octobre 1839.

([3]) *Journal des Savants*, 1678, p. 162.

([4]) *Theatrum arithmetico-geometricum*, p. 25.

([5]) *Arithmétique allemande*, p. 495.

([6]) *Mém. de l'Acad. des Sciences*, t. V.

([7]) *Hist. de l'Acad. des Sciences*, 1740, p. 59.

([8]) *C. R.*, 7 octobre 1867.

([9]) La nomenclature, jointe au rapport de Th. Olivier, à laquelle nous empruntons plusieurs de ces renseignements (*S. E.*, 1843, p. 415), cite aussi deux instruments de calcul dus à M. Nuisement (1834) qui semblent devoir se rattacher plutôt à notre sixième groupe.

([10]) Citées par Ed. Lucas dans sa *Théorie des nombres* (p. 32). On trouve des boîtes de ces réglettes au Conservatoire des Arts et Métiers.

Paris, en 1890, avec des améliorations successives, les bâtons de Neper sont réunis par deux, ce qui simplifie sensiblement leur emploi.

Le procédé népérien ne donne les produits des nombres par un multiplicateur d'un chiffre qu'au prix de petites additions partielles, portant chacune sur deux chiffres. Un progrès restait donc à réaliser : rendre ces additions inutiles.

Le Dr Roth, dont le nom reste attaché à plusieurs inventions arithmétiques, avait, dès 1841, conçu un dispositif qui réalisait à peu près ce desideratum. Son appareil ([1]), muni de coulisses, faisait apparaître les chiffres du produit dans de petites lucarnes pratiquées *ad hoc;* ces chiffres étaient les uns noirs, les autres rouges; chacun des premiers était exactement pris pour sa valeur, chacun des derniers devait être augmenté d'une unité. Cela constituait assurément un progrès sur le pur procédé népérien; il était néanmoins possible d'aller plus loin.

Réglettes de Genaille.

C'est à M. Genaille ([2]), ingénieur attaché à l'Administration des Chemins de fer de l'État français, que devait revenir l'honneur de donner une solution complète du problème,

---

([1]) Cet appareil fut publié sous le nom de *Prompt multiplicateur et diviseur.* Le 27 mai de la même année 1841, M. J.-S. Henri prenait un brevet pour un appareil dit *Prompt calculateur.*

([2]) M. Genaille, mort le 16 mai 1903, était doué d'un véritable génie pour l'invention des instruments arithmétiques. Parmi les appareils très curieux qu'on lui doit, il convient encore de citer une règle à chevilles permettant de vérifier si les nombres de la forme $2^n - 1$ sont premiers, qui l'a mis à même de reconnaître ce caractère pour de fort grands nombres de cette forme, signalés par Fermat, sans qu'on puisse savoir comment le grand mathématicien y est parvenu. M. Genaille a dressé aussi le projet d'une machine à calculer électrique, qui, malheureusement, n'a pas été réalisé.

Voir : A. F. A. S., Congrès de Marseille, 1891, p. 159.

solution présentée en 1885 par Édouard Lucas au Congrès
de l'*Association française pour l'avancement des Sciences*.

Grâce à une étude attentive du mode de formation des
produits dans les bâtons de Neper, il parvint à reconnaître
que ceux-ci pouvaient être obtenus au moyen d'échelles
chiffrées placées sur chacune des dix réglettes 0, 1, 2, ..., 9
entre lesquelles l'œil se trouverait guidé par certains tracés
obtenus par la juxtaposition d'indices imprimés d'une manière invariable sur les réglettes. Ces indices sont les
triangles noirs qui s'aperçoivent sur chaque face des
réglettes. En outre, celles-ci sont à quatre faces, chacune
des faces portant la bande relative à un chiffre différent, de
sorte qu'avec les dix réglettes on peut constituer un multiplicande de dix chiffres sur lesquels quatre seraient iden-
tiques.

Voici la manière d'opérer avec les réglettes de Genaille :

Fig. 5.

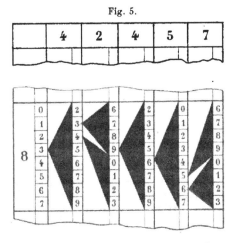

soit, par exemple, à multiplier 42457 par 8 (*fig.* 5). A la
droite de la réglette fixe contenue dans la boîte, on dispose
les réglettes 4, 2, 4, 5, 7 en ayant soin de placer exacte-

ment dans le prolongement les uns des autres les traits divisant les bandes successives en tranches horizontales. Puis, dans la tranche correspondant au chiffre 8 de la réglette mobile, on prend le chiffre qui est dans l'angle supérieur de droite de cette tranche; c'est un 6. A partir de là, on obtient les autres chiffres du produit par l'application de la règle très simple qui suit : dès qu'un chiffre a été obtenu, on passe dans le triangle noir à la base duquel ce chiffre est contigu, et l'on va prendre le chiffre marqué par le sommet de ce triangle. Dans le cas présent, l'application de cette règle donne successivement, après le premier chiffre 6, les chiffres 5, 6, 9, 3, 3. On obtient donc le produit 339656 par une simple lecture guidée par les triangles noirs. Il est beaucoup plus expéditif de faire cette opération que de l'expliquer, et sa simplicité est telle qu'un tout jeune enfant ne sachant pas encore la Table de Pythagore peut, en quelques minutes, — j'en ai fait l'expérience, — être mis à même de l'exécuter et d'effectuer ainsi, sans erreur possible, la multiplication d'un nombre de dix chiffres par un multiplicateur d'un chiffre (¹).

Afin de pouvoir écrire un nombre quelconque, quel que soit le nombre de ses figures semblables, M. Genaille a eu aussi recours à des rouleaux analogues à ceux de Schott, dont il a été question plus haut. Supposons que nous ayons monté, les uns à côté des autres, vingt de ces rouleaux. Nous aurons ainsi un appareil qui nous donnera tous les produits par 1, 2, 3, ..., 9 de tous les nombres jusqu'au

100 000 000 000 000 000 000ième,

(¹) On trouve dans le *Journal de Crelle* (t. 28, 1844, p. 184) une Note où un inventeur russe, du nom de Slonimsky, fait valoir les avantages d'un appareil qu'il ne décrit pas, mais qui, d'après ce qu'il en dit, devait fournir des résultats analogues à ceux des réglettes de Genaille. Un procédé du même genre a été proposé en 1881 par M. Jofe (V. B., p. 194).

c'est-à-dire jusqu'au *cent quintillionième!* Ce nombre, dès le premier abord, paraît fort grand; mais, afin de mieux faire ressortir son immensité, nous allons emprunter à Édouard Lucas une comparaison tout à fait frappante.

Supposons que l'on catalogue tous les résultats donnés par cet appareil en inscrivant sur une même ligne les 9 produits relatifs à chaque nombre; il faudra, pour cela, cent quintillions de lignes. Si l'on prend l'espacement de ces lignes égal à 1 centimètre, la bande de papier nécessaire pour l'inscription de ces cent quintillions de lignes aurait une longueur égale à vingt-cinq milliards de fois le tour du monde, c'est-à-dire que, si elle s'enroulait autour de l'équateur de la Terre par suite du mouvement diurne de celle-ci, il faudrait plus de 68 millions d'années pour que cet enroulement fût achevé.

Supposons maintenant ce catalogue, débité en pages de 100 lignes, réunies à raison de 1000 pages par volume; le catalogue contiendra donc

$$1\,000\,000\,000\,000\,000$$

ou *un quatrillion* de volumes! Admettons que la Bibliothèque Nationale puisse contenir dix millions de ces gros volumes, ce qui est un nombre respectable. Il faudrait alors

$$100\,000\,000,$$

c'est-à-dire *cent millions de fois la Bibliothèque Nationale* pour contenir notre catalogue! De tels nombres, qui confondent l'imagination, font ressortir l'extraordinaire puissance calculatrice de ce petit appareil qui tient dans un cadre de quelques décimètres de pourtour.

M. Genaille a conçu des réglettes du même genre pour la division et pour le calcul de l'intérêt par jour, avec les

millimes, d'un capital quelconque placé à l'un des taux
usuels (¹).

Édouard Lucas, de son côté, a imaginé un calendrier per-
pétuel fondé sur un principe analogue à celui des réglettes
de Genaille. Il se compose de réglettes portant simplement
des traits noirs et correspondant respectivement au siècle,
à l'année dans le siècle, au mois, à la date dans le mois,
enfin au jour de la semaine. Ces réglettes étant juxtaposées
dans l'ordre convenable, les traits noirs correspondant sur
chacune d'elles aux données forment une ligne brisée continue à l'extrémité de laquelle on n'a qu'à lire le résultat
cherché (²).

MULTIPLICATEURS TOTALISATEURS.

Les appareils à multiplication passés en revue jusqu'ici
ne fournissent que les produits d'un multiplicande d'un
nombre de chiffres égal à celui des réglettes dont on dispose par un multiplicateur *d'un seul chiffre*.

Si l'on a affaire à un multiplicateur de plusieurs chiffres,
on peut obtenir de cette façon les produits partiels successifs, dont on n'a plus qu'à effectuer l'addition.

Certains appareils ont été combinés en vue de fournir ces
produits partiels tout disposés pour l'addition. Tel est le
cas du *Tableau multiplicateur-diviseur* de M. Bollée (³)
fondé sur une combinaison des bâtons de Neper avec un
double jeu de réglettes mobiles croisées à angle droit.

(¹) Toutes ces réglettes ont été éditées à Paris par la maison E. Belin.

(²) Ce calendrier se trouve dans le n° du 4 janvier 1890 de la *Revue
scientifique*.

(³) Ce Tableau multiplicateur-diviseur figure dans les galeries du Conservatoire des Arts et Métiers à côté d'un autre petit appareil multiplicateur du
même inventeur constitué par un écran percé de fenêtres, mobile devant des
cylindres parallèles chiffrés.

Lorsqu'on a inscrit l'un des facteurs au moyen des réglettes longitudinales et l'autre facteur au moyen des réglettes transversales, on n'a qu'à additionner dans le sens de la diagonale descendant de droite à gauche tous les chiffres visibles sur le Tableau pour avoir le produit.

Avec un tel dispositif, on peut estimer que la rapidité de la multiplication est triplée par rapport au procédé ordinaire.

On peut aussi, ayant formé les produits partiels sur un premier Tableau, les reporter sur un additionneur où on les totalise. Dans l'appareil Rous ([1]) (1869) les produits partiels sont donnés par des cylindres analogues à ceux de Schott, sur lesquels la lecture est guidée par des bandes de couleurs diverses, et leur somme s'obtient au moyen d'un boulier. C'est aussi sur l'emploi d'un boulier qu'est fondé l'appareil von Esersky ([2]) (1872).

Dans d'autres instruments, le tableau multiplicateur est accolé à un additionneur à coulisses. Tel est le cas de l'appareil Eggis ([3]) (1892) et du dernier modèle de l'*Arithmographe* Troncet (*fig.* 6) dont, tout récemment encore ([4]), l'inventeur a perfectionné les détails.

On doit encore rattacher à la catégorie des appareils où l'additionneur est accolé au multiplicateur celui de Poppe ([5]) (1876), dont les dispositions sont d'ailleurs différentes de celles des deux précédents très voisins l'un de l'autre.

La question se posait toutefois de totaliser automatiquement les produits partiels au fur et à mesure de leur formation sans avoir à les retranscrire. Ce problème a encore

---

([1]) *S. E.*, 1869, p. 137.
([2]) V. B., p. 12.
([3]) V. B., p. 33.
([4]) *C. R.*, 30 mars 1903, p. 807.
([5]) V. B., p. 38. — *P. J.*, 1877, p. 152 (M., p. 956).

été résolu par M. Genaille dans un appareil dont le
modèle a été déposé dans une vitrine du Conservatoire des
Arts et Métiers. Les réglettes dont il se compose, et qui

Fig. 6.

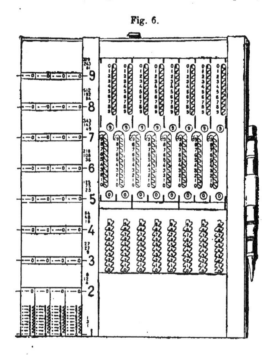

peuvent être déplacées dans le sens de leur longueur,
portent, à leur partie inférieure, une échelle spéciale, qu'on
peut appeler *échelle de glissement,* et un *index.*

Le multiplicande étant écrit avec les réglettes, on opère
avec le chiffre des unités du multiplicateur comme dans le
cas des réglettes Genaille ordinaires; mais, au fur et à
mesure qu'on lit un chiffre au sommet d'un triangle porté
par une de ces réglettes, on fait glisser celle-ci de façon
que son index vienne prolonger le trait qui correspond à ce
chiffre dans l'échelle de glissement de la réglette précé-

dente. Avec cette nouvelle disposition des réglettes, on opère encore de même au moyen du chiffre des dizaines du multiplicateur, etc.; et, à chaque fois, le premier chiffre à droite du résultat donne un chiffre du produit. Lorsqu'on opère avec le chiffre des unités de l'ordre le plus élevé du multiplicateur, on ne fait plus aucun glissement et l'on relève les chiffres donnés par toutes les réglettes; ils complètent le produit dont les chiffres précédents ont été obtenus un à un.

Avec un peu d'habitude, cette opération se fait très rapidement. M. Genaille l'a rendue encore plus aisée en remplaçant les positions successives prises par chaque réglette dans son mouvement longitudinal par des feuillets superposés débordant les uns sur les autres et numérotés au moyen des chiffres placés à côté des traits correspondants de l'échelle de glissement du cas précédent.

Indépendamment des recherches de M. Genaille, M. Léon Bollée, dont les belles machines seront mentionnées plus loin, a construit également un instrument permettant d'effectuer directement le produit l'un par l'autre de deux nombres de plusieurs chiffres ([1]).

Cet instrument est composé de réglettes analogues à celles de Genaille, également disposées en feuillets superposés, et d'un additionneur du genre de celui qui se trouve dans l'arithmographe de M. Troncet, à cette différence près qu'on y a supprimé les teintes appliquées sur les dents des crémaillères et destinées à indiquer d'avance le sens dans lequel on doit déplacer la languette mobile; faute de cette indication, on pousse *toujours* de bas en haut comme si l'on voulait amener la pointe dont on se sert à l'extrémité de la

---

([1]) *Voir,* sur cet appareil, le rapport du colonel Sebert (*S. E.,* 1895, p. 977)

crosse; si, avant d'avoir achevé ce mouvement, on sent un buttoir y faire obstacle, on ramène la pointe jusqu'au bas de la rainure.

Cet appareil est d'ailleurs apte à effectuer toutes les opérations fondamentales de l'Arithmétique, y compris l'extraction de la racine carrée.

Le modèle que représente la figure 7 permet d'obtenir un produit de 14 chiffres avec un multiplicateur de 6 chiffres.

Fig. 7.

La manipulation en est simple. Ayant marqué le multiplicateur au moyen des feuillets mobiles (en laissant apparents ceux dont les numéros juxtaposés forment les chiffres de ce multiplicateur), on agit sur les réglettes additionnantes, comme il a été dit ci-dessus, en les piquant dans toutes les encoches numérotées au moyen du chiffre correspondant du multiplicande, et ayant soin, pour passer d'un ordre décimal au suivant, de faire avancer d'un cran vers la gauche la partie mobile qui porte les feuillets superposés.

Au fur et à mesure qu'augmente le nombre des chiffres
sur lesquels porte l'opération, on voit que la manœuvre
s'allonge. Pour atteindre à une très grande rapidité, l'intervention de mécanismes s'impose nécessairement ; de là,
l'utilité des machines que nous allons maintenant examiner.

II. — LES MACHINES ARITHMÉTIQUES.

Confier à un mécanisme le soin d'effectuer automatiquement les opérations de l'Arithmétique est une idée qui nous est aujourd'hui familière. Elle ne manquait pourtant pas de hardiesse à l'époque où Blaise Pascal l'a non seulement conçue mais encore réalisée pour la première fois.

Ce puissant génie, l'un de ceux qui ont laissé la trace la plus profonde à la fois dans le domaine des Lettres et dans celui des Sciences, ne dédaignait point, le cas échéant, de s'attacher à la solution des problèmes de l'ordre le plus pratique. Il l'a prouvé en perfectionnant le haquet et lançant l'idée des « carrosses à cinq sols » d'où devait sortir l'industrie des omnibus. Mais nulle part son esprit d'invention ne s'est affirmé de façon plus éclatante que dans la conception de sa machine à calculer.

LES MACHINES A ADDITIONNER.

La machine de Pascal et ses dérivées.

C'est en 1642, avant d'avoir accompli sa dix-neuvième année, que Pascal inventa cette machine (¹) destinée à sim-

---

(¹) Plusieurs des modèles primitifs de cette machine existent au Conservatoire des Arts et Métiers. L'un d'eux porte la signature de Pascal lui-même, l'autre une formule d'hommage à l'Académie des Sciences, écrite et signée par son neveu le chanoine Périer, fils de sa sœur Gilberte. Une description détaillée de la machine a été donnée par Diderot dans la *Grande Encyclopédie* (t. I, p. 680). Elle a été reproduite dans l'*Encyclopédie méthodique* (t. I, p. 136) et dans les *Œuvres complètes de Pascal* (Ed. de la Haye, t. IV, 1779, p. 34). On peut aussi consulter le *Recueil des machines approuvées par l'Académie des Sciences* (t. IV, p. 137). Une Notice historique fort intéressante sur la machine de Pascal a paru, sous la signature de M. F. Bouquet, dans la livraison d'août 1899 d'un recueil rouennais *La Normandie* (t. VI, p. 385).

plifier les comptes qui incombaient à son père comme sur-
intendant de la haute Normandie, et dont il fit hommage au
chancelier Pierre Séguier.

Fig. 8.

Fig. 8 *bis*.

Elle est représentée par les figures 8 et 8 *bis*. Le très
grand intérêt historique qui s'y attache, puisque c'est le
premier exemple connu d'un appareil de ce genre, est de
nature à justifier sa description sommaire.

Prenons un cylindre dont, par des génératrices réguliè-

rement espacées, nous divisons la surface en dix bandes.
Numérotons ces bandes de o à 9 et supposons que le cylindre
tourne derrière un écran opaque percé d'une lucarne qui
ne laisse voir qu'un chiffre à la fois. Supposons que ce soit
le chiffre 2 qui se trouve en ce moment en face de la lucarne.
Si nous imprimons au cylindre, dans le sens convenable,
une rotation de $\frac{1}{10}$ de tour, nous amènerons devant la lucarne
le chiffre 3 au lieu du chiffre 2; une nouvelle rotation de $\frac{1}{10}$
de tour fera apparaître le chiffre 4, et ainsi de suite. En un
mot, le chiffre qui apparaît après $\frac{1}{10}$, $\frac{2}{10}$, $\frac{3}{10}$, ... de tour est
égal au chiffre qui se trouvait primitivement à la lucarne
augmenté de 1, 2, 3, ... unités.

Supposons dès lors que, sous le même écran opaque, plusieurs cylindres pareils au précédent soient disposés les uns
à côté des autres, chacun d'eux correspondant à une lucarne
percée dans l'écran.

Faisons apparaître à la première lucarne de droite le
chiffre 2, par exemple, à la seconde, le chiffre 4, à la troisième, le chiffre 1. Nous aurons inscrit de cette façon le
nombre 142. Supposons que nous voulions ajouter à ce
nombre le nombre 216. Nous ferons tourner, d'après ce qui
vient d'être dit, le premier cylindre à droite de $\frac{6}{10}$ de tour,
le second de $\frac{1}{10}$, le troisième de $\frac{2}{10}$. Dès lors apparaîtront
respectivement dans les trois lucarnes les chiffres 8, 5, 3,
formant la somme 358 des nombres donnés.

Jusque-là, point d'intervention de mécanisme. Mais la
raison d'être de celui-ci va ressortir de la double nécessité:
1° d'imprimer par un moyen sûr à chaque cylindre la rotation partielle voulue; 2° de faire passer d'un cylindre à
l'autre les retenues lorsqu'il y en a.

Pour la commande de la rotation, chaque cylindre est
relié par un engrenage à angle droit à une roue, apparente
sur la face supérieure de la boîte, qui fait un tour complet

en même temps que le cylindre. Cette roue (*fig.* 9) rappelle, par son aspect, une roue de voiture, mais les rais seuls en sont mobiles; la jante est fixé; elle est divisée en dix parties

Fig. 9.

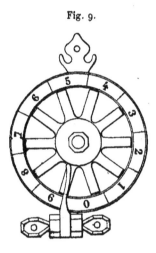

égales numérotées de o à 9. Un buttoir est fixé sur cette jante entre les divisions o et 9. On voit que si l'on introduit une pointe dans l'intervalle des rais en face de la division 1, ou 2, ou 3, ... et qu'avec cette pointe on pousse le rai qui se trouve à l'origine de cette division jusqu'à ce que la pointe vienne heurter le buttoir, l'axe qui porte les rais aura pivoté de $\frac{1}{10}$, ou $\frac{2}{10}$, ou $\frac{3}{10}$, ... de tour. Il en sera, par suite, de même du cylindre, grâce à l'intermédiaire de l'engrenage.

Si donc on veut augmenter de 6 le chiffre des unités, de 1 celui des dizaines et de 2 celui des centaines, on n'a qu'à faire la petite opération qui vient d'être décrite en introduisant successivement la pointe que l'on tient à la main dans la case 6 de la première roue de droite,

dans la case 1 de la deuxième et dans la case 2 de la troisième.

Tout cela est fort simple ; mais l'organe délicat, celui pour
lequel Pascal a dû dépenser le plus grand effort d'imagination, est celui qui a pour rôle d'effectuer les retenues, c'est-
à-dire, chaque fois que la génératrice qui sépare le 9 du o
sur un cylindre passe devant la lucarne correspondante, de
faire avancer le cylindre suivant de $\frac{1}{10}$ de tour. Ce problème
de mécanique a été résolu par Pascal d'une façon qui nous
semblerait aujourd'hui assez imparfaite, mais qui est tout à
fait remarquable pour le temps où elle a été conçue ([1]).
C'est, en tout cas, le premier exemple d'un de ces appareils
de report de retenues, d'un emploi si courant aujourd'hui
dans tous les compteurs.

Il convient encore d'indiquer comment la machine permet
d'effectuer la soustraction. Il semble au premier abord qu'il
suffise de renverser le sens du mouvement de la machine,
mais le dispositif des retenues ne se prêterait point à cette
réversibilité. Si le sens de la marche doit rester le même, il
devient donc nécessaire de renverser l'ordre d'inscription
des chiffres sur les cylindres de façon que chaque dixième
de tour, au lieu de produire une augmentation, produise
une diminution d'une unité. Ce résultat a été pratiquement
obtenu par Pascal de la manière bien simple que voici : le
pourtour de chaque cylindre porte une seconde chiffraison
de o à 9 inverse de la première et telle que la somme des
deux chiffres placés sur une même génératrice soit égale
à 9, ainsi qu'on le voit sur la figure 10 qui représente le
développement de la surface latérale d'un des cylindres. Il
suffît, dès lors, au moyen d'un écran mobile, de découvrir

([1]) Pour le détail de ce mécanisme, se reporter aux descriptions sus-
mentionnées.

ou de fermer la partie des lucarnes correspondant à l'une ou l'autre chiffraison pour que la machine fournisse le résultat d'une addition ou d'une soustraction.

La belle invention de Pascal ayant ouvert une voie nou-

Fig. 10.

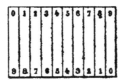

velle de recherches, nombre d'auteurs s'y lancèrent à sa suite, mais avec des fortunes très inégales, les uns réalisant divers perfectionnements dans le mécanisme, les autres, au contraire, n'aboutissant qu'à des conceptions pratiquement inférieures à celle de Pascal.

Disons, avant de passer en revue les machines qui peuvent se rattacher plus ou moins directement à celle de Pascal, qu'un inventeur français, Perrault, avait, dès l'année 1700, imaginé un appareil, fort simple, dit *Abaque rhabdologique* (¹), fondé, comme les instruments indiqués plus haut (qui lui sont d'ailleurs postérieurs), sur l'emploi de réglettes chiffrées glissant dans des rainures parallèles, mais muni, en outre, d'un dispositif automatique pour le report des retenues : chaque réglette portait, dans son épaisseur, un cliquet qui, lorsqu'elle arrivait au bas de sa course, trouvait une ouverture lui permettant d'engrener avec un cran de la réglette voisine et de faire avancer celle-ci d'un pas.

A la machine de Pascal, on peut d'abord rattacher la première de celles qui ont été construites par Sir Samuel

---

(¹) *Machines approuvées par l'Académie des Sciences,* t. I, p. 55.

Moreland ([1]), dont un exemplaire, daté de 1663, apparte-
nait à Ch. Babbage cité plus loin.

Un Vénitien, le marquis Poleni, construisit en 1709 une
machine analogue à celle de Pascal ([2]), qu'il ne connaissait
d'ailleurs que par ouï-dîre, mais où le mécanisme fonc-
tionnait au moyen de contre-poids au lieu de ressorts.
Poleni, lorsqu'il se fut rendu compte de l'infériorité de sa
machine, la brisa de ses propres mains.

Il convient toutefois de noter qu'on rencontre dans cette
machine l'idée des roues à nombre variable de dents ([3]), qui
constituent l'organe essentiel de plusieurs machines modernes citées plus loin.

La conception première de Pascal fut successivement
reprise et modifiée en 1725 par Lépine ([4]), et en 1730 par
Hillerin de Boistissandeau ([5]). Les frottements qui se déve-
loppaient dans la machine de Boistissandeau devenaient
tels dans certains cas que le jeu de la machine était rendu
à peu près impossible.

Leupold, dans son *Theatrum arithmetico-geometricum*
(Leipzig, 1727), où, d'après Montucla, il décrit les machines
de Leibniz et de Poleni, donne l'esquisse d'une machine
qui ne fut jamais réalisée, mais où se montre la première
idée des engrenages en prise momentanée ([6]) que nous
retrouverons aussi dans des machines modernes.

([1]) *Description et usage de deux instruments d'arithmétique*, Londres,
1673. La seconde de ces machines était destinée à la multiplication. Montucla,
qui donne cette indication dans ses *Récréations mathématiques*, estime que
Moreland n'avait pas eu connaissance de la machine de Pascal.

([2]) *Miscellanea Venetiis*, 1709, p. 27.

([3]) M., p. 965. Note 133.

([4]) *Machines approuvées par l'Académie des Sciences*, t. IV, p. 131. Il
nous a été donné de voir un exemplaire de cette machine dans l'atelier Payen
où se construit l'arithmomètre Thomas décrit plus loin.

([5]) *Machines approuvées par l'Académie des Sciences*, t. V, p. 103.

([6]) M., p. 966. Note 135.

Gersten, professeur de Mathématiques à Giessen, présenta en 1735, à la Société Royale de Londres, un mécanisme nouveau reposant sur l'emploi de crics mus par des étoiles ([1]). Pour les retenues, chaque cric, dans son mouvement ascendant, poussait l'étoile voisine de $\frac{1}{10}$ de tour; dans ce cas encore, il arrivait parfois qu'il était nécessaire de dépenser un effort considérable.

En 1750, Jacob-Isaac Pereire construisit une machine ([2]) d'une disposition nouvelle, qui la rapprocherait plutôt de la machine de Perrault mentionnée plus haut. Elle se composait, en effet, de roues enfilées sur un même axe et placées dans un coffret muni de rainures correspondant à chaque roue. Une aiguille introduite dans ces rainures permettait de faire tourner les roues.

D'autres machines à additionner furent encore imaginées par lord Mahon, comte de Stanhope, Mathieu Hahn et J.-H. Müller que nous allons retrouver à propos de machines plus complètes.

L'idée de Pascal prenait enfin une forme mécanique très satisfaisante dans l'additionneur du Dr Roth ([3]) (1841).

Cette machine (*fig.* 11) diffère de celle de Pascal par sa disposition générale, qui permet de lui donner des dimensions moins encombrantes, et par le détail de son mécanisme, qui réduit de beaucoup l'effort à dépenser; le principe est le même.

Dans l'additionneur Roth, la chiffraison, au lieu d'être inscrite sur la surface latérale d'un cylindre, l'est le long d'un cercle décrit sur un disque qu'on fait tourner directement au moyen d'une pointe introduite entre des dents fixées à sa tranche. La chiffraison de sens contraire corres-

---

([1]) *Philosophical Transactions*, Vol. IX, n° 438.
([2]) *Journal des Savants*, 1751, p. 5o8.
([3]) *S. E.*, 1843, p. 4ıı.

pondant à la soustraction est marquée en rouge sur un
cercle concentrique au premier, chacune de ces chiffraisons
paraissant à une lucarne distincte.

Fig. 11.

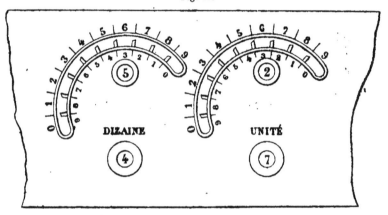

Le perfectionnement mécanique réalisé par rapport à la
machine de Pascal et à toutes celles qui en sont dérivées
tient à ce que les appareils de retenue, d'un système d'ail-
· leurs entièrement nouveau, sont disposés de façon à n'avoir
jamais à fonctionner simultanément.

Dans les machines précédentes, lorsqu'on ajoutait 1 unité
à 99999, cinq appareils de retenue fonctionnaient simultanément. Dans l'additionneur Roth, ces cinq appareils fonc-
tionnent successivement, quoique à très court intervalle,
de sorte que l'effort à dépenser, qui précédemment atteignait
une notable intensité, reste ici toujours le même. Suivant
la pittoresque expression de l'inventeur lui-même, sa machine fait un feu de file, alors que celle de Pascal faisait un
feu de peloton.

En outre, un ingénieux dispositif permet de remettre très
rapidement la machine à zéro. En tirant sur un bouton

placé sur le côté de la boîte on fait apparaître des 9 à toutes les lucarnes. Il suffit alors d'ajouter une unité, c'est-à-dire de faire avancer d'une dent la première roue de droite, pour ramener partout des o.

Parmi les machines modernes qui peuvent être rattachées à la lignée de celle de Pascal, on peut encore citer le *Samostchoty* de Bouniakovsky (¹) (1867), l'additionneur à deux cercles de C.-H. Webb (²) (1868), celui à crémaillère de Leiner (³) (1878), enfin l'appareil de J. von Orlin (⁴) (1892) qui fonctionne au moyen de vis engagées dans des écrous qu'on peut déplacer longitudinalement sans rotation.

Les machines à touches.

La nécessité d'écrire chiffre par chiffre chaque nombre à introduire dans le total est une cause de lenteur relative que l'on cherche à combattre en réduisant la manœuvre à la plus grande simplicité possible. Ce maximum de simplicité est fourni par l'emploi de touches, telles qu'il s'en rencontre sur les machines à écrire aujourd'hui d'un emploi si général, et qui permettent d'atteindre à une si grande rapidité.

Cette idée de recourir à des touches semble avoir été

(¹) V. B., p. 53.

(²) *Amer. Scient.*, 1869, p. 20, et *J. Franklin Institute,* 1870, p. 8 (M., p. 962). Cet appareil, qui se trouve à Paris sous le nom d'*additionneur-éclair,* se compose de deux cercles tangents extérieurement, correspondant l'un aux 99 premières unités, l'autre aux centaines. Ils sont enfermés dans une enveloppe métallique, qui épouse leur double contour extérieur, et qui est percée, aux environs de leur point de contact, d'une lucarne où apparaît le total.

(³) V. B., p. 65.

(⁴) M., p. 962. L'emploi d'écrous analogues à ceux de la machine Orlin se rencontre déjà dans un petit appareil de Smith et Pott qui ne se prête d'ailleurs qu'à l'addition de nombres d'un seul chiffre [*Amer. Scient.,* t. XXIII, p. 214; *P. J.,* 1876, p. 401 (M., p. 962, Note 119)].

réalisée pour la première fois dans une machine de V. Schilt [1] qui figurait à l'Exposition de Londres, en 1851. Elle réapparaît pour les additions portant sur des nombres composés d'un seul chiffre dans les machines de F. Arzberger [2] (1866), Stettner [3] (1882), Bagge [4] (1884), d'Azevedo (1884), Pététin [5] (1885), Max Mayer [6] (1886), Shohé Tanaka [7] (1893).

Une machine à touches, pourvue d'un mouvement d'hor-

Fig. 12.

logerie, était construite en 1873 par Bieringer et Hebetanz [8].

Mais c'est en Amérique que les machines à touches ont

---

[1] M., p. 962, Note 120.

[2] *Schweiz. Polyt. Zeitschr.*, 1866, p. 33. — M., p. 962, Note 123; V. B., p. 51.

[3] M., p. 962, Note 121.

[4] Pour cette machine et la suivante, *voir P. J.*, t. CCLX, 1896, p. 262.

[5] V. B., p. 67.

[6] *P. J.*, 1886, p. 263. — V. B., p. 62. Le premier brevet Mayer remonte d'ailleurs à l'année 1881 (M., p. 963, Note 124).

[7] M., p. 962, Note 123. Cette machine à cinq touches, pour les nombres de 1 à 5, est très évidemment la même que celle qui est décrite sans nom d'auteur par V. B. (p. 69) sous la désignation de *centigraphe*.

[8] C. D., p. 19. Un brevet pour une machine analogue a été pris en 1890 par M. Cuhel (M., p. 975, Note 167).

pris une forme vraiment pratique qui leur a permis de devenir l'objet d'une production industrielle. Dans ces machines, à chaque ordre décimal correspond une colonne de neuf touches numérotées de 1 à 9. L'enfoncement d'une de ces touches suffit à faire entrer le chiffre qui y est inscrit dans la colonne correspondante. Dès qu'un nombre est marqué de cette façon, il suffit d'agir sur un levier disposé à cet effet pour ajouter ce nombre à la somme déjà formée et même pour l'imprimer sur une bande de papier qui se déroule sur la face postérieure de l'instrument. Telles sont les machines de Felt et Tarrant ([1]) (1887), de Burroughs ([2]) (1888) (*fig.* 12), de Heinitz ([3]).

Dans la machine de Bahmann ([4]) (1888) la somme ne s'imprime pas mais est indiquée par les déplacements d'une aiguille, comme dans un compteur.

Pour éviter la multiplicité des touches, la machine Runge ([5]) (1896) a été munie d'un dispositif qui permet, au moyen de deux rangées de touches seulement, de faire passer un chiffre quelconque dans une colonne quelconque. L'une de ces rangées sert à déterminer le chiffre à inscrire, l'autre la colonne dans laquelle il doit être dirigé.

([1]) La machine imprimante de Felt et Tarrant a reçu le nom de *comptographe*. Le *comptomètre* des mêmes constructeurs (p. 38, fig. 14) n'est pas imprimant; il permet de lire les totaux successifs à de petites lucarnes ménagées sur le devant de l'appareil.

([2]) Cette machine a été jusqu'ici la plus répandue en France dans les grands établissements financiers.

([3]) M., p. 964. Cette machine est imprimante en même temps qu'elle fait apparaître les totaux successifs à des lucarnes comme le comptomètre. Un inventeur français, M. Malassis, nous a fait voir le modèle en bois, construit de sa main, d'une machine de ce genre, imaginée par lui, qui présente des détails mécaniques fort intéressants et dont nous souhaitons de voir exécuter un modèle définitif.

([4]) M., p. 963, Note 125.

([5]) *Zeitschr. für Math. und Phys.*, 1899, supplément, p. 533 (M., p. 963, Note 124).

La combinaison d'additionneurs imprimants à touches, avec des enclenchements se prêtant à certains contrôles, a donné naissance à des machines capables d'assurer tous les besoins de la comptabilité des maisons de commerce. Construites par l'usine des frères Patterson, à Dayton (Ohio), sous le nom de *caisses enregistreuses* (*fig.* 13), ces machines,

Fig. 13.

que l'on commence à voir fonctionner à Paris dans un certain nombre de magasins, font maintenant l'objet d'une industrie considérable (¹). Afin de modifier les types déjà

(¹) En 1883, les frères Patterson employaient 2 ouvriers à fabriquer les 50 machines qu'ils arrivaient à placer dans l'année; en 1903, ils en faisaient

existants, au nombre de plus de 200, pour les adapter aux besoins spéciaux de telle ou telle comptabilité, un véritable atelier d'inventeurs (comprenant six chefs inventeurs secondés chacun par dix assistants) fonctionne en permanence à l'usine. C'est dire qu'aujourd'hui, dans cet ordre d'applications, la Mécanique pratique peut satisfaire à tous les *desiderata*. Le problème est définitivement résolu.

La plupart des machines à additionner (sauf les dernières, spécialement affectées aux besoins de la comptabilité) peuvent, soit par un renversement de la marche, soit par un doublement de la chiffraison, servir à faire des soustractions. Lors même qu'une machine ne se prête strictement qu'à l'addition, elle peut encore être utilisée pour la soustraction moyennant l'usage des nombres complémentaires.

On appelle *complément* d'un nombre celui qu'il faut lui ajouter pour atteindre la puissance entière de 10 immédiatement supérieure. Ce complément s'obtient en prenant (à partir de la gauche) le complément à 9 de chacun des chiffres, sauf pour le dernier à droite dont on prend le complément à 10. Ainsi le complément de 5281 est 4719. Or, si l'on veut retrancher 5281 d'un nombre quelconque, 36974 par exemple, on peut écrire l'opération comme suit :

$$36974 - 5281 = (36974 - 10000) + (10000 - 5281).$$

La première différence entre parenthèses se fait aisément de tête; le résultat de la seconde est précisément le complément 4719 de 5281. On voit donc que l'on a

$$36974 - 5281 = 26974 + 4719,$$

---

travailler 4000 pour produire les 60000 machines vendues annuellement. Il n'est pas sans intérêt d'ajouter que l'usine de Dayton est réputée aux États-Unis pour son excellente organisation ouvrière, nulle part ailleurs les patrons n'ayant su intéresser plus directement leurs ouvriers aux perfectionnements continus de la fabrication, ni leur assurer une plus grande somme de confortable.

et la soustraction à faire est ainsi immédiatement ramenée
à une addition.

Quant à la multiplication et à la division, elles peuvent
être effectuées par répétition soit de l'addition, soit de la
soustraction. Il est donc possible de faire servir des machines à additionner, ou à soustraire, à de telles opérations.

Le comptomètre, dans lequel toute la manœuvre se réduit
aux pressions sur les touches, se prête particulièrement bien
à ce genre d'application comme l'indique la figure 14, où les

Fig. 14.

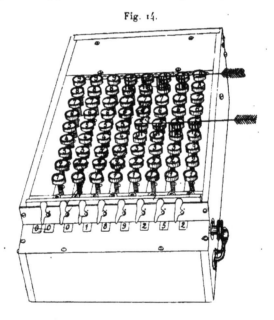

traits qui pendent de chaque flèche schématisent la manœuvre à faire pour effectuer le produit 2253 × 84. Les
vingt-quatre enfoncements de touches, requis pour cette
opération, exigeront évidemment moins de temps que le
calcul ordinaire, au moins pour la grande majorité des opé-
rateurs. Mais, lorsqu'il s'agit de multiplier l'un par l'autre

deux facteurs d'un grand nombre de chiffres chacun, une
telle manœuvre devient moins pratique. De là l'utilité des
machines, que nous allons maintenant examiner, qui, en
permettant de répéter rapidement les additions et soustractions, offrent un excellent moyen d'exécuter mécaniquement
les multiplications et divisions.

LES MACHINES A MULTIPLIER PAR ADDITIONS RÉPÉTÉES.

La machine de Leibniz et ses dérivées.

C'est encore un des noms qui, au xvii⁰ siècle, brillent du
plus vif éclat à la fois dans l'ordre des Sciences et dans celui
de la Philosophie que nous trouvons en tête de ce nouveau
chapitre de l'histoire des machines à calculer : celui de
Leibniz.

On doit, d'après M. Mehmke, faire remonter au mois de
septembre 1671 (¹) la première idée de la machine conçue par
l'illustre fondateur du Calcul différentiel; il en fit construire
successivement deux modèles (1694 et 1706); mais l'habileté des mécaniciens auxquels il s'adressa pour la réalisation
de son projet ne se trouva pas à la hauteur de l'ingéniosité
de sa conception, car, en dépit de la peine et de l'argent
(une centaine de mille francs, dit-on) qu'il y dépensa, il ne
parvint pas à un résultat pratiquement satisfaisant, et le seul
de ses modèles qui soit parvenu jusqu'à nous est resté à l'état
de simple curiosité scientifique. Ce modèle est celui de 1694
(*fig.* 15, 15 *bis* et 15 *ter*). Conservé, depuis 1764, à Göttingen
il y était à peu près tombé dans l'oubli lorsque, en 1879, il
fut transporté dans la salle dite de Leibniz, à la Bibliothèque
royale de Hanovre, où il est depuis lors resté exposé.

La seconde machine, celle de 1706, a disparu, mais Leibniz

(¹) On a vu que Moreland avait, de son côté, imaginé, dès 1673, une
machine à multiplier [p. 30, note (¹)].

Fig. 15

Fig. 15 *bis*

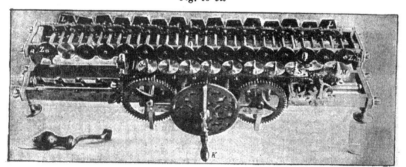

Fig. 15 *ter*

en a laissé lui-même la description dans une courte Notice avec figure (¹). Cette description a été reprise par Kästner et par Klügel qui a eu soin de noter que « les pignons ont des endentures de longueur inégale, comme les ordonnées d'une spirale cylindrique (hélice), pour faire tourner les roues plus ou moins ». C'est, en effet, là, comme nous allons le voir, l'organe essentiel de la machine de Leibniz.

M. Radau, à qui nous empruntons ces indications (²), ajoute :

« La machine décrite par Leibniz a une partie fixe, qui présente douze lucarnes où doit apparaître le produit cherché, et une platine mobile qui porte huit cadrans chiffrés de o à 9, et munis d'aiguilles qui servent à pointer le multiplicande. Elle porte, en outre, un cadran plus grand, composé de deux anneaux concentriques et d'un disque central, chiffré comme le limbe extérieur, tandis que le limbe intérieur est noir et percé de dix trous. Vers le milieu de la platine, s'aperçoit une roue à manivelle. S'agit-il de multiplier un nombre donné par 365, on introduit un style dans le trou 5 du limbe noir et l'on fait tourner la manivelle, qui fait tourner en même temps le limbe noir, jusqu'à ce que le style se trouve arrêté par le buttoir, placé entre les divisions o et 9. On voit alors apparaître aux lucarnes le produit par 5. On fait avancer la platine d'un cran, le style est fixé dans le trou 6, et un second tour de manivelle fait apparaître le produit par 65. On avance d'un cran, le style est fixé dans le trou 3, un dernier tour de manivelle donne le produit par 365. Pour la division, le dividende est marqué

(¹) *Miscell. Berolin.*, 1710, p. 317; et *Leibnitii Opera*, 1768, t. III, n° 74. Au moment de mettre sous presse nous apprenons que la machine de Leibniz a fait l'objet d'une Communication développée de M. Runge au *troisième Congrès international des mathématiciens* tenu à Heidelberg en 1904.

(²) Analyse de la première édition du présent Ouvrage dans le *Bulletin astronomique* (1894, p. 459).

dans les lucarnes, le diviseur sur les petits cadrans, le quotient se lit sur le disque central du grand cadran. »

Le trait de génie de Leibniz a consisté à inscrire le nombre qu'on veut introduire dans une somme (ou, par répétition, dans un produit) non pas directement sur la partie de la machine où se lit le résultat, mais sur une partie annexe d'où, par un tour de manivelle, on le fait passer en bloc sur la première. A procéder ainsi on n'a rien à gagner au point de vue de l'addition, attendu qu'en outre de l'inscription de chaque nombre, qui suffisait précédemment, il y aura encore un tour de manivelle à donner, mais on voit tout de suite le bénéfice qui en résultera au point de vue de la multiplication, puisque, une fois que le multiplicande aura été écrit, chaque tour de manivelle le fera entrer une fois de plus dans le résultat. Voici, réduit à ce qu'il a d'essentiel, le dispositif grâce auquel Leibniz a pu réaliser son idée.

Chaque disque, portant une chiffraison de o à 9, qui se meut sous une lucarne de la machine, reçoit son mouvement, par des intermédiaires convenablement disposés, d'une roue dentée qui l'entraîne dans son mouvement de rotation; or, cette roue dentée engrène elle-même avec un tambour portant neuf dents d'inégale longueur, le contact ayant lieu en un point variable de la hauteur de ce tambour ([1]). Suivant que la roue est en prise avec le tambour dans une partie où elle rencontre 1, 2, 3, ..., ou 9 dents, le disque chiffré avance de 1, 2, 3, ..., ou 9 chiffres. C'est là toute l'économie du système.

D'autres essais, comme il était arrivé pour la machine de

([1]) D'après M. Mehmke (M., p. 965, Note 132), Leibniz aurait eu aussi l'idée des roues à nombre variable de dents, comme nous en retrouverons plus loin (machine Odhner), et comme il s'en trouvait déjà dans l'additionneur de Poleni cité plus haut (p. 30).

Pascal, suivirent celui de Leibniz. D'après un passage de
la correspondance de Kratzenstein, celui-ci aurait, dès 1762,
présenté à l'Académie des Sciences de Stockholm une machine à multiplier; mais aucun renseignement positif ne
nous est parvenu au sujet de cette invention.

En revanche, nous possédons des indications très pré-
cises au sujet des machines qui furent effectivement réa-
lisées, en 1774 et 1777, par Mathieu Hahn (¹), pasteur de

Fig. 16.

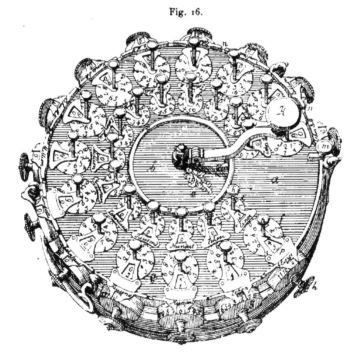

Kornwestheim, près de Ludwigsburg, et, en 1784, par le
capitaine du Génie hessois Johann Helfrich Müller (²).

(¹) *Deutscher Merkur, de Wieland,* mai 1779, p. 137.
(²) *Ibid.,* mai 1784, p. 269.

Les machines de Hahn et de Müller (*fig.* 16), de forme circulaire, procèdent du type de la machine de Leupold, citée plus haut. Elles présentaient d'ailleurs des défectuosités de construction, ainsi que chacun de ces deux inventeurs s'appliqua à le démontrer pour la machine de son concurrent ([1]). Nous serons moins sévères pour eux qu'ils l'ont été réciproquement, et nous rendrons hommage à leurs efforts qui firent faire un nouveau pas à la machine à multiplier.

D'autres tentatives analogues avaient eu lieu en dehors de l'Allemagne. En 1775, lord Mahon, comte de Stanhope, avait fait construire une machine ([2]) qui, à cette époque, fut considérée comme pratique et qui reposait, elle aussi, sur l'emploi de tambours à dents d'inégale longueur.

Citons enfin deux machines d'origine polonaise, celle de l'horloger Abraham Stern ([3]) (1814) et celle de J.-A. Staffel ([4]) (1845). Dans la première d'entre elles, une fois les nombres inscrits, un moteur d'horlogerie effectuait l'opération sans intervention de la main. C'était théoriquement un fort joli résultat; mais la délicatesse même d'un tel mécanisme rendait la machine peu pratique.

C'est au financier Thomas, de Colmar, que revient sans conteste le très grand mérite d'avoir, dès 1820, créé le premier type, à la fois pratique et robuste, de machine à mul-

---

([1]) *Deutscher Merkur, de Wieland*, juin 1785. La machine de Müller existe encore au Musée de Darmstadt. Les écoles techniques supérieures de Berlin et de Munich possèdent des exemplaires de la machine de Hahn, construits au début du XIXe siècle.

([2]) *Philosophical Magazine*, 1885, p. 15 (M., p. 965, Note 129).

([3]) *Leipz. Litteraturzeitung*, 1814, p. 244; et *Archives des inventions et découvertes*, t. VIII, p. 264. Après l'invention de cette première machine, Stern en conçut une autre (1817) spécialement destinée à l'extraction des racines carrées. Il réunit ensuite les dispositions de ces deux machines en un type unique (M., p. 975, Note 166).

([4]) *Tygodnik illustrowany*, 1863, p. 207 (M., Note 163).

tiplier fonctionnant en toute sûreté. On est même en droit
de dire que de sa belle invention date le véritable essor pris
par les machines à calculer, qui n'avaient guère été jusque-
là que de simples objets de curiosité.

L'arithmomètre Thomas.

La machine à calculer ou *arithmomètre* de Thomas a fait
l'objet d'une petite industrie qui, sous la direction du constructeur Payen, n'a cessé de progresser jusqu'à nos jours.
Certes, les arithmomètres livrés aujourd'hui au public
(*fig.* 17 *bis*) diffèrent notablement, dans leurs détails, du
modèle primitif établi par Thomas en 1820 (*fig.* 17); mais

Fig 17.

la partie essentielle est restée la même. Les perfectionnements successifs, dus pour la plupart à des collaborateurs
anonymes, simples ouvriers parfois, qu'encourageaient les
conseils éclairés et les intelligentes libéralités de Thomas,
absorbé par d'autres soins que celui de reviser le type de
sa machine, ont porté exclusivement sur les détails du mé-

canisme. Il serait difficile de dire quelle somme d'ingéniosité s'y est dépensée.

Sans nous attacher à tous ces détails, nous signalerons

Fig. 17 *bis.*

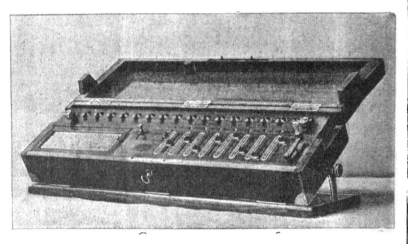

quelques-uns des principaux organes de cette machine,
particulièrement caractéristiques, et qui peuvent, aujour-
d'hui, être considérés comme classiques.

L'organe essentiel de l'arithmomètre est le tambour à
neuf dents d'inégale longueur (*fig.* 18), déjà proposé par
Leibniz. Thomas avait-il pu voir la machine de ce dernier
à Göttingen, comme un auteur allemand en a émis l'hypothèse? A-t-il, de son côté, imaginé cet artifice mécanique
sans connaissance des essais antérieurs? La question nous
semble parfaitement oiseuse. Il n'y a nulle impossibilité à
ce que divers inventeurs, poursuivant le même but, abou-
tissent à des solutions analogues. Nous avons déjà signalé
la similitude des additionneurs Kummer et Troncet; nous
constaterons plus loin un fait de même ordre à propos de
la machine d'Odhner. Il n'est donc aucunement démontré

que Thomas se soit inspiré des travaux qui, en Allemagne, ont précédé les siens; mais cela fût-il péremptoirement établi, il n'en resterait pas moins qu'en mettant en œuvre,

Fig. 18.

 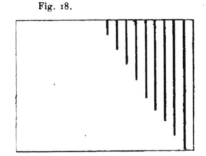

sous une forme nouvelle, certains organes antérieurement connus, combinés avec d'autres nouveaux, il est parvenu à établir une machine excellente au point de vue pratique, ce à quoi nul n'avait réussi avant lui, et cela n'est déjà pas un si mince mérite.

. Chacun des disques chiffrés de o à 9, qui tournent sous une des lucarnes de la machine, reçoit son mouvement d'un des tambours dentés par l'intermédiaire d'un arbre carré le long duquel peut se déplacer la roue engrenant avec le tambour. On voit que, suivant que cette roue, mobile le long de l'arbre à section carrée, se trouve aux différents points de la longueur du tambour denté, elle engrène avec o, 1, 2, ... ou 9 dents de ce tambour. Lors donc que celui-ci fera un tour entier, la roue, suivant sa position, avancera de o, 1, 2, ... ou 9 dents. Par suite, le disque gradué tournera de o, $\frac{1}{10}$, $\frac{2}{10}$, ... ou $\frac{9}{10}$ de tour, ainsi qu'on l'amenait à le faire directement dans la machine de Pascal.

Les tambours correspondant aux divers ordres décimaux sont placés sur une platine fixe I, percée de rainures B (*fig.* 19). Des boutons C engagés dans ces rainures per-

mettent de déplacer les petites roues dentées le long de ces
tambours. Chacun de ces boutons est muni d'un index, et
le bord de la rainure porte une graduation de o à 9, telle
que, lorsque l'index est en face du chiffre o, 1, 2, ... ou 9,

Fig. 19.

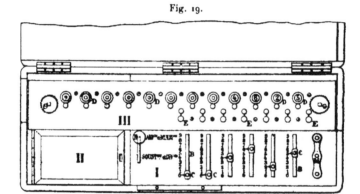

la petite roue dentée est au point de sa course où elle engrène avec o, 1, 2, ... ou 9 dents du tambour.

Enfin, tous les tambours reçoivent leur mouvement d'un
même arbre de couche que l'on manœuvre au moyen d'une
manivelle M (¹).

Si donc, toutes les lucarnes D étant à o, on amène l'index
du premier bouton de droite en face du chiffre 3, celui du
deuxième en face du chiffre 4, celui du troisième en face
du chiffre 2, tous les autres étant à o, et qu'on donne un
tour de manivelle, le premier disque à droite tournera de $\frac{3}{10}$
de tour, le deuxième de $\frac{4}{10}$, le troisième de $\frac{2}{10}$, et on lira

(¹) Dans le modèle primitif de 1820, le mouvement était produit par un
petit moteur à ressort qu'on armait au moyen d'un ruban se tirant sur le côté
de la machine (*fig.* 17). Suivant qu'on tirait plus ou moins ce ruban avant de
le lâcher, il faisait faire 1, 2, ... ou 9 tours aux tambours dentés engrenant
avec les pignons qui correspondaient aux divers chiffres du multiplicande. Le
résultat était donc le même qu'avec la manivelle, mais celle-ci est moins
fragile, moins délicate.

dans les lucarnes, en commençant par la droite, les chiffres
3, 4 et 2; on aura donc ainsi fait passer dans la machine le
nombre 243. Donnons maintenant un second tour de manivelle. Le premier disque à droite tournera encore de $\frac{3}{10}$ de
tour et le chiffre 6 apparaîtra à la place du 3; le deuxième
tournera de $\frac{4}{10}$ de tour et montrera le chiffre 8; le troisième
tournera de $\frac{2}{10}$ de tour et montrera le chiffre 4. Donc, après
2 tours de manivelle, on lira, dans les lucarnes, le nombre
486, double de 243; après 3 tours, on lirait le triple; après
4 tours, le quadruple, et ainsi de suite.

Il faut toutefois, pour cela, que les retenues s'inscrivent,
c'est-à-dire que, lorsque l'intervalle de 9 à o d'un des disques
gradués passe sous la lucarne correspondante, le disque
placé immédiatement à la gauche de celui-ci avance de $\frac{1}{10}$
de tour. Ce résultat est obtenu dans l'arithmomètre Thomas
au moyen d'un mécanisme des plus ingénieux dont la
description sortirait du cadre de cet Ouvrage. Disons toutefois qu'afin d'éviter toute dépense d'effort anormale l'inscription *successive* des retenues (le feu de file du Dr Roth)
est ici obtenue grâce à la disposition suivante : les 9 dents
d'inégale longueur de chaque tambour ne sont pas disposées sur la périphérie entière de ce tambour; elles en
occupent à peu près la moitié (*fig.* 18). De cette façon, on
peut, par une différence de calage des tambours successifs,
faire en sorte que chacun d'eux ne commence son effet
qu'avec un petit retard sur le voisin, et l'on conçoit que l'on
puisse profiter de cette circonstance pour ne faire agir sur
chaque arbre l'appareil de retenue voisin que lorsque cet
arbre ne reçoit aucun mouvement du tambour qui lui est
propre.

Pour le passage d'un ordre décimal du multiplicateur
au suivant, la platine III, dans laquelle sont percées les
lucarnes D et qui porte les disques gradués, peut être

déplacée dans le sens de sa longueur. Chaque fois qu'elle avance d'un cran vers la droite, chaque tambour moteur vient agir sur le disque gradué correspondant à l'ordre décimal immédiatement supérieur à celui du disque qu'il mettait précédemment en mouvement. Si donc on veut multiplier par 425 le nombre inscrit au moyen des index, on donnera 5 tours de manivelle; puis on fera avancer la platine mobile d'un cran vers la droite et l'on donnera 2 tours de manivelle et, de même, après l'avoir fait encore avancer d'un cran, on donnera 4 tours de manivelle. On aura donc eu à donner en tout 11 tours de manivelle ([1]).

La platine mobile porte en outre un second rang de lucarnes, E, plus petites que les premières, où, pour chaque ordre décimal, un compteur enregistre le nombre de tours de manivelle. De cette façon, le multiplicateur s'inscrit aussi sur l'appareil, ce qui permet de vérifier, à la fin de l'opération, que celle-ci a bien été celle qu'on désirait effectuer, c'est-à-dire qu'on n'a pas, par inadvertance, donné, pour l'un des ordres décimaux, un tour de manivelle de plus ou de moins.

Quant au renversement de la marche de la machine, destiné à lui faire effectuer les opérations soustractives au lieu des opérations additives, il s'obtient par le moyen très simple que voici :

La transmission du mouvement de chaque arbre carré à la roue dentée qui entraîne le disque gradué correspondant se fait par l'intermédiaire d'un chariot tel que celui qui est représenté sur la figure 20. Un levier, poussé de l'extérieur

---

([1]) On trouve dans les ateliers Payen le modèle d'essai d'un arithmomètre transformé en vue de réduire le nombre des tours de manivelle. Sur ce modèle ⅛ de tour de la manivelle fait faire aux tambours un tour complet. Il suffit, dès lors, d'une fraction convenable de tour de manivelle, indiquée par une chiffraison de 1 à 9, pour imprimer aux tambours une rotation variant de 1 à 9 tours.

moyen d'un bouton N (*fig.* 19), permet de donner simultanément à tous les chariots un petit déplacement en vertu
duquel c'est tantôt l'une et tantôt l'autre de leurs roues,

Fig. 20.

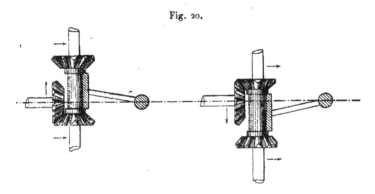

dentées qui engrène avec la roue du disque. La figure
montre clairement que, de l'un à l'autre cas, le sens de la
rotation de cette dernière est changé, par suite aussi celui
de la rotation du disque.

L'arithmomètre est muni d'un effaceur qui repose sur un
principe à la fois si simple et si ingénieux qu'on ne saurait
le passer sous silence (¹). En agissant sur un bouton G
(*fig.* 19) fixé extérieurement à la platine mobile et qui ne
peut fonctionner que lorsque celle-ci est soulevée, on fait
mouvoir une crémaillère qui engrène avec une roue dentée
spéciale portée sur le pivot de chaque disque gradué
(*fig.* 21). L'écartement des dents de cette roue est de $\frac{1}{10}$ de
circonférence, mais une de ces dents manque, celle qui
viendrait en prise avec la crémaillère lorsque le o du disque
apparaît à la lucarne. Lors donc qu'on a poussé la crémail-

(¹) Certains disques polygonaux, visibles sur la machine de Leibniz, auraient, d'après M. Burkhardt, été destinés au fonctionnement d'un effaceur
(M., p. 974, Note 160).

lère jusqu'à ce que le o ait réapparu dans une des lucarnes, elle cesse d'agir sur le disque correspondant, faute de rencontrer une nouvelle dent à pousser en avant. Une fois que

Fig. 21.

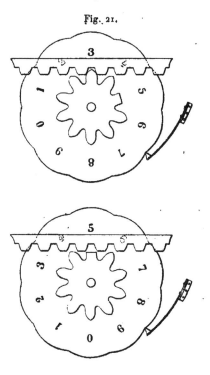

tout a été ainsi ramené à o, on lâche le bouton; un ressort rappelle alors la crémaillère dans sa position de repos où elle cesse d'engrener avec les roues dont il vient d'être question.

Mais le détail mécanique le plus intéressant de cette machine, qui rend son jeu absolument sûr et lui donne une supériorité marquée sur plusieurs de ses congénères, réside dans le dispositif propre à empêcher que l'inertie des pièces du mécanisme ne les entraîne, en vertu de la vitesse acquise, au delà de la position dans laquelle elles doivent s'arrêter. Ce dispositif, auquel le constructeur a donné, par analogie avec un dispositif employé en horlogerie, le nom de *croix de Malte,* et qui fonctionne aussi bien pour les appareils de retenue que pour les tambours, est combiné de telle sorte qu'au moment précis où ces divers organes ont effectué le mouvement exigé par l'opération qu'on a à faire, une pièce rigide pressée contre eux vient les immobiliser complètement.

Tel est, dans ses grands traits, l'arithmomètre Thomas, qui comporte encore nombre de particularités intéressantes au point de vue mécanique ([1]).

Son usage n'est d'ailleurs pas limité aux seules multiplication et division. En particulier, grâce à un théorème sur la suite des nombres impairs qui permet de ramener l'extraction de la racine carrée à une série de soustractions, il se prête très aisément aussi à cette opération.

Le savant physicien alsacien Hirn a publié, en 1863, dans les *Annales du Génie civil,* une Notice curieuse où il signale divers usages auxquels peut se prêter l'arithmomètre.

Mais ces remarques seraient encore applicables aux autres machines du même genre.

Si, tout en nous bornant d'ailleurs à des généralités, nous nous sommes autant étendu sur l'arithmomètre Thomas, c'est, d'une part, que cette machine est la première en date de celles qui ont vraiment pénétré dans la pratique, de l'autre, qu'elle continue à être en France la plus répandue; mais les principes qui ont présidé à sa construction ont reçu depuis lors d'autres applications, nombreuses et

---

([1]) Consulter, pour plus de détails, le rapport du général Sebert (*S. E.,* 1879, p. 393). L'arithmomètre Thomas a été reproduit, avec de légères modifications, en Allemagne, par M. Burkhardt, de Glashütte; en Angleterre, par M. Tate, de Londres.

variées, dont quelques-unes marquées au coin de l'esprit le plus inventif.

Autres arithmomètres.

Au premier rang de ces machines, il convient de placer celle de Maurel, perfectionnée ensuite par l'inventeur et

Fig. 22.

par Jayet, et qui, par contraction du nom d'arithmomètre Maurel, s'est appelée l'*arithmaurel* (¹) (*fig.* 22).

(¹) *C. R.*, 1ᵉʳ sem. 1849, p. 209. Une description très détaillée de l'arithmaurel, due à la plume de Lalanne, a paru dans les *Annales des Ponts et Chaussées* (2ᵉ sem. 1854, p. 288).

La construction de cette machine permet d'imprimer à ses divers organes une rotation très rapide avec un effort

Fig. 22 *bis*.

minime. C'est ainsi que, pour faire passer un nombre dans les lucarnes où se lit le résultat, il suffit, au lieu de donner un tour de manivelle, de faire parcourir une seule division à une aiguille sur un cadran portant neuf divisions. Ces aiguilles sont d'ailleurs commandées par les clefs que l'on aperçoit à côté de chaque cadran. Lors donc qu'un multiplicande est inscrit, au moyen des tiges graduées visibles à la partie supérieure de la machine (dont le maniement est analogue à celui des boutons de l'arithmomètre Thomas), on n'a qu'à inscrire le multiplicateur, au moyen des aiguilles dont il vient d'être parlé, sur les cadrans gradués correspondant aux divers ordres décimaux, pour que le résultat apparaisse immédiatement dans les lucarnes disposées à cet effet.

Cette extraordinaire rapidité de fonctionnement est obtenue grâce à certaines particularités du mécanisme dont les principales sont les suivantes :

1° Au lieu d'avoir autant de cylindres dentés qu'il y a de disques gradués pour l'inscription du résultat, *un seul cylindre* agit sur tous ces disques qui sont disposés circulairement sur sa périphérie ;

2° Grâce à un engrenage différentiel convenablement disposé, chaque disque gradué peut être actionné *à la fois* par le cylindre central et par l'appareil à retenues correspondant au disque précédent.

Cette machine était assurément voisine de la perfection théorique, mais la complication de son mécanisme, jointe à sa grande fragilité, ne lui a pas permis de se prêter à une fabrication courante.

M. K. Strehl a décrit une machine ([1]) non encore exécutée, qui, fondée, paraît-il, sur des considérations géométriques simples, opérerait avec la même rapidité que l'arithmaurel puisque l'inscription seule des deux facteurs suffirait encore à faire apparaître le produit. Mais, si remarquable au point de vue théorique que soit une machine, on ne peut se prononcer sur sa valeur que lorsqu'elle a effectivement fonctionné.

La machine anglaise de J. Edmondson ([2]) affecte la forme circulaire. La platine fixe de l'arithmomètre Thomas y est remplacée par une plaque, en forme de demi-couronne circulaire, sur laquelle les chiffres du multiplicande (ou du diviseur) s'inscrivent au moyen de tiroirs rayonnants ; la platine mobile, par un disque, intérieur à cette couronne, sur lequel apparaissent les chiffres du produit et du multiplicateur (ou du dividende et du quotient). Cette disposition

---

([1]) *Centralzeitung für Optik und Mechanik*, 1890, p. 242 (M., p. 973, Note 154).

([2]) *Philosophical Magazine*, 2ᵉ sem. 1885, p. 15. — W. D., p. 151.

circulaire permet notamment de prolonger indéfiniment une division qui ne se fait pas exactement, alors que, dans les machines rectilignes, la limitation du déplacement de la platine mobile ne permet pas de franchir un nombre déterminé de chiffres du quotient. La machine est d'ailleurs pourvue d'un effaceur qui permet de ramener à zéro tout ou partie des chiffres apparents aux lucarnes du disque intérieur.

M. Mehmke cite encore la machine de Duschanek ([1]) dans laquelle un seul tour de manivelle ramène à la fois à zéro les trois rangées de chiffres de la machine (multiplicateur, multiplicande et produit). D'ailleurs, sur cette machine, les chiffres du multiplicande s'inscrivent en ligne droite, comme ceux du multiplicateur et du produit.

La machine à mouvement continu de Tchebichef ([2]).

Le grand mathématicien russe Tchebichef a imaginé une machine qui n'atteint pas au degré de rapidité de l'arithmaurel, mais qui pourtant, comme celui-ci, supprime toute intervention attentive de l'opérateur à partir du moment où les deux facteurs sont inscrits sur la machine. Dans l'arithmaurel cette inscription suffit; dans la machine Tchebichef elle est suivie de la manœuvre d'une manivelle que l'on fait tourner *sans en compter les tours* jusqu'à ce que les boutons ayant servi à l'inscription du multiplicateur soient tous automatiquement revenus à zéro; à ce moment-là, l'opération est terminée.

Cette machine présente encore un autre caractère qui la distingue de toutes celles qui sont spécialement destinées à la multiplication. De telles machines peuvent être évi-

---

([1]) *P. J.*, 1886, p. 264 (M., p. 974, Note 161).
([2]) *Voir* les figures de la Note annexe I.

demment utilisées pour l'addition; il suffit d'inscrire successivement sur la platine fixe tous les nombres à faire entrer dans le total en donnant pour chacun d'eux un tour de manivelle. C'est précisément ce tour de manivelle à ajouter à l'inscription de chaque nombre qui, lorsqu'il ne s'agit que d'une addition, complique la manœuvre. Tchebichef s'est proposé de combiner sa machine de façon qu'elle puisse, sans intervention de la manivelle, fonctionner comme additionneur et soustracteur. Il y est parvenu en rendant l'organe additionneur entièrement indépendant de l'organe multiplicateur, ces deux organes n'étant mis en contact qu'au moment où l'on veut effectuer une multiplication.

On peut assimiler l'additionneur à un piano et l'appareil qui le transforme en multiplicateur au mélotrope qui, adapté à ce piano, permet de le faire fonctionner mécaniquement par simple rotation d'une manivelle.

Quant à l'additionneur lui-même, constitué par des tambours enfilés sur un même axe et chiffrés sur leur tranche, il permet d'ajouter ou de retrancher les nombres suivant simplement que l'on fait tourner ces tambours dans un sens ou dans l'autre. Il rend donc possible l'exécution de sommations *algébriques*.

Ceci exige que l'appareil de report des retenues soit réversible. Pour obtenir cette réversibilité, Tchebichef a eu recours à un report progressif des retenues au moyen de simples trains d'engrenages fonctionnant aussi bien dans un sens que dans un autre. Dans ces conditions, le résultat ne saurait plus se lire suivant une ligne droite, mais suivant une ligne ondulée. Cela n'entraîne d'ailleurs aucune difficulté dans l'usage de la machine, grâce à la bande blanche que l'on aperçoit dans les lucarnes et par laquelle la lecture est guidée.

Ajoutons que l'élément essentiel de l'organe multiplicateur est encore un tambour à neuf dents d'inégale longueur.
Ce tambour est d'ailleurs unique comme dans l'arithmaurel
et sert à faire mouvoir tous les pignons correspondant aux
divers chiffres du multiplicande.

C'est en 1882 que Tchebïchef fit exécuter à Paris, par
le grand constructeur d'instruments de précision Gautier,
l'unique exemplaire existant de sa machine qui, grâce à sa
libéralité, est devenu la propriété du Conservatoire des
Arts et Métiers.

Il n'avait publié relativement à cette machine qu'une Note
très succincte et sans figures, dans le numéro du 23 septembre 1882 de la *Revue scientifique* (t. XXX, p. 402).

Cette Note, dont le but était surtout de faire connaître
l'ingénieux principe de l'additionneur qui entre dans la
composition de la machine, n'était pas de nature, vu sa
brièveté, à faire exactement comprendre le jeu de celle-ci.

C'était là une lacune regrettable. Une heureuse circonstance nous a permis de la combler. Tchebichef étant venu
passer à Paris le mois de mai de l'année 1893, il nous a été
donné de recueillir de sa bouche même toutes les explications désirables. Nous nous sommes ainsi trouvé en mesure
de rédiger la description reproduite en annexe à la fin du
présent Volume. Cette description, soumise au grand géo-
mètre russe, a reçu sa pleine approbation ([1]). On peut donc

---

([1]) Cette approbation s'étend, bien entendu, jusqu'au choix des termes
employés. C'est ainsi, par exemple, que Tchebichef a donné son assentiment à
la substitution du terme de roues *motrices* à celui de roues *réceptrices* dont il
s'était précédemment servi (*loc. cit.*) pour désigner les roues commandant le
mouvement des tambours de l'additionneur.

Ajoutons que c'est également à la demande expresse de Tchebichef que nous
avons adopté pour son nom l'orthographe ici donnée au lieu de celles
plus compliquées que l'on rencontre sous la plume de certains auteurs qui
croyaient (à tort, d'après Tchebichef lui-même) rendre plus exactement ainsi
la physionomie russe de ce nom.

la considérer, bien qu'elle n'ait pas été écrite de sa main, comme étant le reflet exact de sa pensée.

Très remarquable au point de vue de la conception théorique, la machine de Tchébichef devrait, pour devenir vraiment pratique, être modifiée en quelques-uns de ses détails.

On trouvera, à la fin de sa description, l'indication d'une modification dont Tchébichef avait bien voulu approuver l'idée et qui, bien que pouvant, au point de vue théorique, être considérée comme un recul par rapport à la conception primitive, serait sans doute de nature à améliorer pratiquement le jeu de la machine.

La machine Odhner, la Dactyle et analogues.

Le tambour à neuf dents d'inégale longueur équivaut à l'accolement de neuf roues, portant respectivement 1, 2, ... ou 9 dents, avec l'une ou l'autre desquelles on peut mettre en prise le pignon commandant le mouvement du disque chiffré. En remplaçant ce tambour par une seule roue sur la tranche de laquelle on puisse, suivant le cas, faire saillir 1, 2, ... ou 9 dents, il est clair qu'on réalisera un sensible avantage au point de vue de l'encombrement, un tel organe devant correspondre à chacun des ordres décimaux du multiplicande (ou du diviseur), d'autant plus qu'avec ce dispositif on pourra supprimer tout engrenage d'angle.

M. Mehmke émet l'hypothèse ([1]) qu'un organe de ce genre a pu se rencontrer dans la seconde machine de Leibniz, celle qui a disparu ; c'est fort possible, cette solution mécanique étant encore de celles qui ont dû se présenter à divers chercheurs travaillant dans la même voie. Il paraît, en tout cas, établi qu'elle s'est offerte, dès 1709, au Vénitien Poleni pour la machine à additionner qui a été mentionnée

([1]) M., p. 965, Note 132.

plus haut (¹). Elle se rencontre aussi dans une machine du

Fig. 23.

D' Roth (*fig.* 23) dont la disposition circulaire rappelle celle des machines de Hahn et de Müller. Cette machine (²), qui remonte à l'année 1841, présente des dispositions fort ingénieuses. Les dents de chaque roue, mobiles dans des entailles rayonnantes (*fig.* 24), sont munies chacune d'une pointe faisant saillie sur une face latérale de la roue et qu'un ressort tend à repousser constamment vers le centre. Un excentrique, en appuyant sur ces pointes de façon à vaincre la pression des ressorts, les éloigne du centre et

(¹) *Voir* p. 30.
(²) Il existe deux exemplaires de cette machine au Conservatoire des Arts et Métiers.

fait saillir les dents. Dès que cet excentrique abandonne le
contact d'une des pointes, le ressort fait rentrer la dent

Fig. 24.

correspondante. En inscrivant chaque chiffre du multiplicande sur un des disques disposés vers le bord extérieur de
la boîte circulaire, on fait précisément saillir un nombre
égal de dents sur la roue correspondante. L'organe multiplicateur se manœuvre au moyen de la manivelle fixée à
l'axe et mobile sur un disque chiffré. Le produit apparaît
aux lucarnes de la partie centrale.

L'idée de la roue à nombre variable de dents a été appliquée pour la première fois d'une façon vraiment pratique
dans la machine inventée par le Russe Odhner ([1]), qui aura,
d'ailleurs, très vraisemblablement pu imaginer un tel dispositif sans avoir connaissance des essais antérieurs.

La figure 25 fait clairement comprendre la disposition de
la roue Odhner. Les dents, qui peuvent glisser dans des

([1]) Cette machine, primitivement brevetée en Russie, l'a été en Allemagne
en 1878, où elle a été construite sous le nom de *Brunsviga*. Introduite en
France, elle y a pris le nom de *Rapide*. On en trouvera une description
détaillée, due au lieutenant-colonel Bertrand, dans la *Revue du Génie militaire*
(août 1897, p. 175).

entailles convergeant vers le centre de la roue, sont munies
d'un ardillon qui reste pris dans une rainure circulaire

Fig. 25.

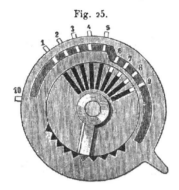

composée de deux branches d'inégal rayon. En faisant
tourner la partie extérieure de la roue par rapport à la
partie centrale au moyen du doigt fixé sur sa tranche, on
engage les ardillons des diverses dents dans l'une ou l'autre
branche, ce qui fait saillir les unes (1, 2, 3, 4, 5) engagées
dans la branche du plus grand rayon, rentrer les autres
(6, 7, 8, 9) engagées dans celle du plus petit. La dent 10
n'intervient que pour le report des retenues.

Les roues ainsi disposées, que nous appellerons *les motrices,* sont enfilées sur un même arbre que fait tourner la
manivelle placée sur le côté de la machine *(fig.* 26). Elles
engrènent directement avec d'autres roues dites *réceptrices,*
à dix dents, également enfilées sur un même axe, et faisant
corps chacune avec un anneau chiffré de 0 à 9 sur sa périphérie. Ce sont les chiffres de ces anneaux qui apparaissent
aux lucarnes du résultat.

Voici dès lors comment fonctionne la machine :

Au moyen des doigts des roues motrices, qui sont mobiles
dans les rainures chiffrées que présente la partie fixe de la
machine, on marque le multiplicande. On donne alors, pour

chaque ordre décimal, autant de tours de manivelle que le
chiffre correspondant du multiplicateur offre d'unités, en

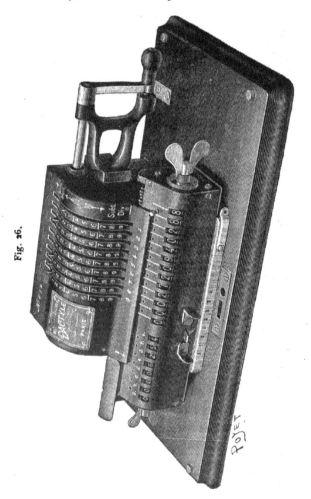

Fig. 26.

faisant avancer d'un cran la partie mobile sur laquelle se
lit le produit pour passer de chaque ordre décimal au suivant.

Dans cette machine, d'ailleurs, la disposition des organes de report des retenues est telle qu'on peut renverser le sens de la rotation de la manivelle pour effectuer les opérations soustractives. Si, en outre, en opérant par soustraction, on retire d'un nombre un autre qui lui est supérieur, un timbre qui sonne avertit du dépassement ([1]).

Le brevet Odhner étant tombé en France dans le domaine public, les constructeurs MM. Chateau frères ont repris le plan général de cette machine pour y introduire des améliorations de détail qui lui ont donné plus de solidité et de durée, tout en rendant son jeu plus sûr. Ils ont ainsi établi le type de la machine connue sous le nom de *Dactyle* ([2]). Nous nous contenterons de signaler, parmi les perfectionnements que comporte ce type de machine, un système fort ingénieux propre à contrebalancer l'inertie des pièces pour les empêcher de franchir par vitesse acquise la position dans laquelle elles doivent s'arrêter, ce qui a permis de faire fonctionner la machine avec une bien plus grande rapidité.

La roue à nombre variable de dents constitue encore l'élément essentiel de quelques autres machines allemandes citées par M. Mehmke comme particulièrement avantageuses, celles de Büttner (1888), Esser (1892), Küttner (1894).

Bien que, par son mécanisme, elle dérive du type Odhner, ce qui lui permet notamment d'effectuer les opérations soustractives par simple renversement de la rotation de la manivelle, la machine Büttner ([3]) (*fig.* 27) rappelle plutôt

---

([1]) Un tel organe avait déjà été imaginé par Müller dans sa machine de 1784 (M., p. 974, Note 162). Il se retrouve encore dans la machine de Staffel remontant à l'année 1845 (M., p. 975, Note 163).

([2]) C'est ce type Dactyle que reproduit la figure 26.

([3]) W. D., p. 151. — V. B., p. 102.

par son apparence extérieure l'arithmomètre Thomas. Elle présente toutefois cette particularité que les chiffres du multiplicande, au lieu d'être marqués par des boutons

Fig. 27.

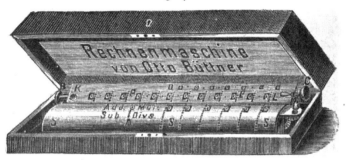

mobiles dans des rainures, apparaissent à des lucarnes placées sur un même alignement, comme les chiffres du produit ([1]).

Les machines Esser ([2]) et Küttner ([3]) (au moins, en ce qui concerne cette dernière, celle du type *Duplex*) sont pourvues d'appareils de report des retenues pour le compteur qui enregistre les chiffres du multiplicateur ou du quotient, ce qui, pour certaines opérations spéciales (non pour la multiplication ni pour la division), présente un avantage.

Une machine d'un type analogue est construite aux États-Unis sous le nom de *Baldwin Calculator*.

Machines à contact intermittent (Dietzschold, Grant, Selling, etc.).

Il existe enfin un certain nombre de machines propres à effectuer les multiplications ou divisions sans intervention

---

([1]) Disposition déjà signalée dans la machine Duschanek et qui se retrouve dans la machine Steiger.

([2]) M., p. 974, Note 159.

([3]) P. J., 1896, p. 199 (M., p. 970, Note 147).

ni du tambour à neuf dents inégales, ni de la roue à dents amovibles. Dans ces machines, dès que l'organe provoquant la rotation des disques chiffrés les a fait avancer du nombre voulu de dixièmes de tour, il abandonne leur contact, ou bien, au contraire, il les immobilise sur le chiffre voulu, alors que, sans son intervention, ils auraient continué à tourner.

L'idée de ces contacts intermittents se rencontre, pour la première fois, d'après M. Mehmke, dans la machine à additionner de Leupold (1727) précédemment citée ([1]). Elle se retrouve aussi dans la seconde des machines de Lord Mahon ([2]) (1777). Parmi les machines modernes où elle intervient, on peut citer celles de Dietzschold ([3]) (1877) et de Fr. Weiss ([4]) (1893).

Dans son ensemble la machine de Dietzschold rappelle l'arithmomètre Thomas auquel elle emprunte plusieurs organes; mais celui par lequel les disques chiffrés sont amenés à tourner de la fraction de circonférence voulue y est tout différent. Au lieu d'être constitué par le tambour à neuf dents d'inégale longueur, il consiste en une roue à rochets, actionnée par un cliquet qu'un secteur mobile autour de l'axe de la roue permet de mettre en prise avec celui-ci pour un nombre de dents variable de 1 à 9.

La machine américaine de Grant ([5]) (1871) présente des dispositions très originales. Elle se compose essentiellement (*fig.* 28) d'une série de crémaillères parallèles en gre-

---

([1]) *Theatrum arithm.-geom.,* p. 38 (M., p. 966; Note 135).

([2]) VOGLER, *Anleitung zum Entwerfen graphischer Tafeln,* 1877, p. 50 (M., *Ibid.*).

([3]) C. D., p. 40.

([4]) M., p. 966; Note 135.

([5]) D'après une brochure sans date (mais antérieure à 1895), publiée Lexington (Massachusetts). Voir aussi : *Amer. Journ. of Science an d Arts* 1874, p. 277 (M., p. 973, Note 155).

nant avec les roues liées aux tambours chiffrés. Ces crémaillères sont solidaires d'un chariot qui, actionné par

Fig. 28.

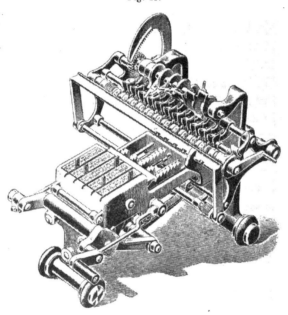

deux bielles, peut glisser sur deux barres de bâti où il
effectue un mouvement d'aller et retour lorsque la manivelle motrice fait un tour complet. Des doigts verticaux,
mobiles dans des rainures dont le bord est chiffré de 0 à 9,
permettent de faire saillir ces crémaillères de 0, 1, 2, …
ou 9 dents. Lorsque le chariot est porté en avant, les crémaillères agissent sur les roues à 10 dents des tambours
chiffrés; elles abandonnent leur contact pendant le mouvement de retour, grâce à une came qui vient alors soulever
la partie du bâti qui porte ces roues. C'est d'ailleurs pendant ce mouvement de retour qu'a lieu, successivement pour
les divers ordres décimaux, le report des retenues.

. La machine ne se prête pas à l'exécution des opérations soustractives qui doivent dès lors être effectuées par addition des nombres complémentaires.

Une manivelle qu'on aperçoit à l'extrémité de l'arbre qui porte les tambours chiffrés commande l'effaceur destiné à ramener tous ces tambours à zéro.

L'inventeur a d'ailleurs complété sa machine par un dispositif propre à fournir le résultat imprimé.

Le professeur Selling, de l'Université de Wurtzbourg, a combiné en 1886 une machine très curieuse (¹), où se retrouvent divers dispositifs ayant déjà appartenu à d'autres machines, mais sans doute réinventés ici, à côté d'autres tout nouveaux. Sur cette machine (*fig.* 29), comme dans la précédente, nous voyons des crémaillères engrener avec les roues qui commandent les tambours chiffrés; le report des retenues s'y opère progressivement au moyen de trains épi-cycloïdaux, comme dans la machine Tchebichef, ce qui impose, comme pour celle-ci, la lecture du résultat suivant une ligne ondulée; l'inscription du multiplicande se fait au moyen de touches, comme dans les additionneurs américains; comme ceux-ci également et comme la machine Grant, la machine Selling est imprimante. Mais elle présente des dispositions mécaniques tout à fait originales parmi lesquelles il y a lieu de signaler l'emploi d'un de ces réseaux de losanges articulés connus sous le nom de *ciseaux de Nuremberg.*

La machine se compose de deux parties distinctes qui sont mises temporairement en liaison pendant le calcul, la première comprenant le système des ciseaux avec le clavier de touches et les crémaillères, la seconde le système des roues dentées avec les tambours chiffrés.

(¹) *Eine neue Rechenmaschine,* Berlin, 1887. *Voir* aussi : *P. J.,* 1899, p. 193 (M., p. 966, Note 136); W. D., p. 152.

Ce sont les divers points de croisement des ciseaux qui

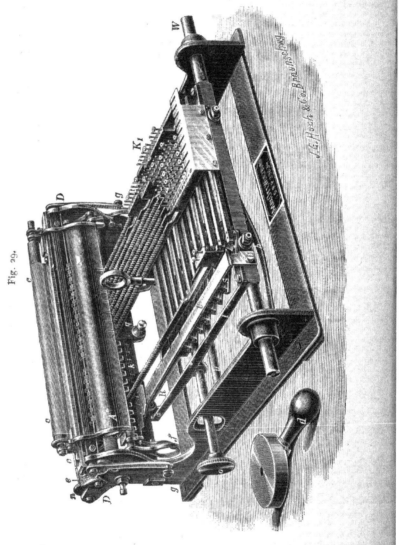

Fig. 29.

représentent les chiffres du multiplicande; on lie, pour

chaque ordre décimal du multiplicande, la crémaillère avec
le point de croisement voulu en appuyant sur la touche
qui, dans la colonne correspondant à cet ordre décimal,
porte le chiffre qu'on veut inscrire.

Suivant le chiffre du multiplicateur, on ouvre plus ou
moins les ciseaux en amenant un index dans telle ou telle
encoche d'une règle graduée de 1 à 5 (ce qui, lorsque le
chiffre correspondant du multiplicateur est supérieur à 5,
oblige à le décomposer en deux parties non supérieures
à 5).

Le soulèvement d'un anneau suffit pour la remise à zéro.

Certaines machines ont été combinées en vue de besoins
spéciaux. C'est ainsi que M. Wadsworth en a tout récemment imaginé une ([1]) qui n'a d'autre objet que de multiplier ou de diviser par le nombre π. Elle est fondée sur la
considération des réduites du développement de ce nombre
en fraction continue.

LES MACHINES A MULTIPLIER DIRECTEMENT.

La machine Bollée.

Toutes les machines examinées jusqu'ici n'effectuent la
multiplication et la division que par répétition de l'addition
ou de la soustraction. Si nous n'opérons pas ainsi, la plume
à la main, c'est que nous avons appris la Table de Pythagore. Était-il possible de réaliser une machine appliquant la
Table de Pythagore, capable, par suite, d'effectuer directement une multiplication?

C'est à un jeune inventeur français, M. Léon Bollée, que
revient l'honneur d'avoir, pour la première fois, et sous
une forme vraiment pratique, résolu ce problème.

([1]) *Journal of the Franklin Institute*, 1903, p. 131.

« Il avait, dit le Général Sebert ([1]), à calculer, pour l'établissement industriel de son père ([2]), des tables numériques très étendues, et avait ainsi été amené à l'idée de construire une machine pouvant effectuer rapidement les opérations de l'arithmétique.

» Il ignorait d'ailleurs complètement les travaux déjà faits dans cette voie, de sorte qu'il aborda la question en dehors de toute influence, et c'est pour ce motif, sans doute, qu'il l'a traitée d'une façon entièrement neuve. »

Fait remarquable et bien digne d'être noté, c'est, ainsi que Pascal, à l'âge de dix-huit ans que M. Bollée a conçu

Fig. 30.

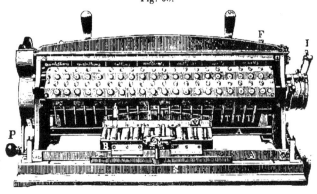

son invention, présentée pour la première fois au public à l'Exposition universelle de 1889. Mais ce n'était pas là le coup d'essai de ce précoce inventeur qui, dès l'âge de onze ans, s'était appliqué à construire de petits appareils destinés à la simplification du calcul.

([1]) Rapport présenté à la Société d'encouragement pour l'industrie nationale le 11 mai 1894.

([2]) Une fonderie de cloches.

Dans cette machine (*fig.* 3o et 3o *bis*), les cylindres chiffrés, tournant sous les lucarnes, reçoivent leur mouvement de

Fig. 3o *bis.*

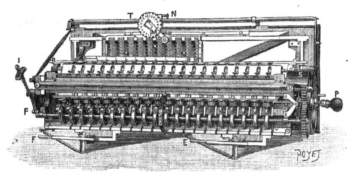

tiges verticales T (¹) (*fig.* 3o) munies de crémaillères. Suivant qu'on fait avancer chaque tige d'une, de deux, de trois dents, ..., le cylindre correspondant tourne de $\frac{1}{10}$, de $\frac{2}{10}$, de $\frac{3}{10}$, ... de tour.

Pour imprimer à chaque crémaillère le mouvement voulu, une autre partie de la machine, le chariot B, dit *calculateur*, renferme une série de plaques hérissées de petites tiges d'acier qui constituent des tables de Pythagore en relief. Une de ces plaques calculatrices est représentée par la figure 3i (²). Si l'on appelle *ligne* l'ensemble des pointes placées sur une droite parallèle aux petits côtés de la plaque, et *colonne* l'ensemble des pointes placées sur

(¹) ll y a, dans un même plan de profil, trois telles tiges qui agissent l'une sur un cylindre chiffré du compteur (enregistrant le multiplicateur), les deux autres sur deux cylindres chiffrés contigus de la rangée du produit.

(²) M. Malassis, dont nous avons déjà signalé la machine totalisatrice imprimante [p. 35, Note (³)], a très ingénieusement utilisé les tiges calculatrices de Bollée en les implantant normalement à un noyau cylindrique pouvant être déplacé à la fois autour de son axe (suivant le chiffre du multiplicande) et dans le sens de cet axe (suivant l'ordre décimal de ce chiffre). Les tiges,

une droite parallèle aux grands côtés, on peut dire qu'au point de croisement d'une ligne et d'une colonne se trouve le produit des chiffres qui servent à les numéroter, chacun de ces produits étant réalisé sous forme de deux tiges, placées dans le sens de la colonne (la tige des unités en avant),

Fig. 31.

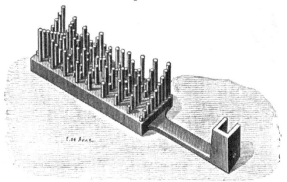

et dont les longueurs sont proportionnelles aux compléments à 9 des chiffres qu'elles représentent.

Chacune des plaques calculatrices ainsi constituées est solidaire d'un bouton du calculateur, mobile dans une rainure graduée ainsi que dans l'arithmomètre Thomas.

Lorsque le bouton d'une des rainures se trouve en face du chiffre 6, par exemple, de la graduation de cette rainure, la plaque calculatrice correspondante est placée de telle sorte que c'est la *ligne* des pointes d'acier figurant en relief les multiples de 6 qui se trouve dans le plan vertical contenant les tiges à crémaillère dont il a été question plus haut.

---

en appuyant sur des crémaillères portées par un chariot mobile analogue à celui de la machine Grant, font tourner de la fraction de tour voulue les disques chiffrés. Pour le report des retenues, l'inventeur a imaginé un dispositif entièrement nouveau et fort ingénieux. Il n'existe malheureusement jusqu'ici de sa machine qu'un modèle en bois construit de ses mains.

Le calculateur B peut être déplacé latéralement au moyen d'un pignon engrenant avec une crémaillère fixée au châssis A et qui est mis en mouvement à l'aide de la manette M. Chaque tour complet de cette manette fait franchir au calculateur l'espace, limité par les tiges T, correspondant à un ordre décimal complet, et lorsque, au cours d'un tour, on arrête la manette M dans l'encoche portant un certain numéro, 4 par exemple, ce sont, dans chaque plaque calculatrice, les *colonnes* des pointes figurant les produits partiels par 4 qui se trouvent dans les plans de profil des tiges T.

On voit donc, le multiplicande étant écrit au moyen des boutons du calculateur, que, en amenant la manette M sur un chiffre du multiplicateur, on aura disposé les plaques calculatrices de façon à faire apparaître, par l'intermédiaire des tiges à crémaillère, le produit partiel correspondant. Le mouvement voulu est d'ailleurs obtenu au moyen d'un tour de la manivelle P qui, en soulevant verticalement le châssis A qui porte le calculateur B, fait pousser par les pointes d'acier de ce calculateur les tiges à crémaillère avec lesquelles engrènent les cylindres gradués.

Ici encore, bien entendu, doit intervenir un appareil pour les retenues d'addition. Celui qu'a adopté M. Bollée, d'un type tout nouveau, serait fort intéressant à étudier, mais il sortirait du cadre de cet Ouvrage.

Pour un multiplicateur de plusieurs chiffres, il faut effectuer l'opération qui vient d'être décrite, successivement pour ces divers chiffres, en déplaçant chaque fois le calculateur d'une case, de manière à passer à l'ordre décimal suivant. Il suffit pour cela de faire franchir à la manette M une étoile qui est figurée entre le o et le 9 du manipulateur.

On voit que la manœuvre de cette machine est remarquablement simple, puisqu'elle n'exige qu'un nombre de

tours de manivelle égal à celui des chiffres du multiplicateur. Supposons, par exemple, qu'on veuille multiplier un
nombre par 4625. Après avoir inscrit le multiplicande au
moyen des boutons du calculateur, on amènera, à l'aide de
la main droite, la manette M (tournant dans le sens inverse
des aiguilles d'une montre) successivement sur les chiffres
4, 6, 2 et 5 du manipulateur, en ayant soin, dans chaque
intervalle compris entre ces arrêts, de lui faire franchir
l'étoile. En outre, à chacun de ces arrêts, on donnera un
tour de la manivelle P tenue de la main gauche et tirée,
dans sa position inférieure, d'arrière en avant. Cette manœuvre se fait avec une extrême rapidité, et, tandis que le
produit s'inscrit dans les lucarnes supérieures, le multiplicateur apparaît aux lucarnes inférieures.

On n'aura eu, en somme, à donner que quatre tours de
manivelle, alors qu'une machine à additions répétées,
comme les précédentes, en eût exigé $4 + 6 + 2 + 5 = 17$.

Lorsque la manette M est fixée dans le cran 1 du manipulateur, la machine fonctionne comme un additionneur.

Pour changer le sens de la marche de la machine, de
façon à effectuer les opérations soustractives, il suffit d'agir
sur le levier I qui peut être à volonté fixé dans l'un ou
l'autre de deux crans affectés des signes + et —.

Le mécanisme de ce changement de marche, celui aussi
des effaceurs, que l'on fait fonctionner au moyen de poi-
gnées qui apparaissent à la partie supérieure de la machine,
mériteraient une description détaillée qui ne saurait malheureusement trouver sa place ici.

En 1892, M. Bollée a construit un nouveau modèle de sa
machine, dans lequel se trouvent réalisés des perfectionnements du plus haut intérèt. C'est ainsi qu'un système général d'enclenchements est disposé de façon que la machine
refuse non seulement d'opérer un calcul impossible ou

faux, mais encore de faire toute fausse manœuvre, contre le gré même de l'opérateur. L'avantage de cette disposition n'apparaît pas pour la multiplication, mais il se fait sentir pour la division et s'affirme d'une manière éclatante pour l'extraction de la racine carrée qui, dans le premier modèle de la machine Bollée, comme dans les machines précédentes, exigeait une attention assez soutenue de la part de l'opérateur, et qui, dans ce nouveau modèle, s'effectue tout à fait *automatiquement*, ce que l'on était tenté de considérer *a priori* comme à peu près impossible à réaliser ([1]).

D'après des essais suivis, la machine peut effectuer à l'heure, en marche normale, une série de 100 divisions, 120 racines carrées et 250 multiplications de l'étendue :

$$10\,000\,000\,000\,000\,000\,000 : 1\,000\,000\,000 = 10\,000\,000\,000,$$

$$\sqrt{1\,000\,000\,000\,000\,000\,000} = 1\,000\,000\,000,$$

$$1\,000\,000\,000 \times 10\,000\,000\,000 = 10\,000\,000\,000\,000\,000\,000.$$

Elle peut calculer 4000 termes d'une progression arithmétique dont la raison ne dépasse pas 10 milliards, et à peu près autant d'une table des carrés des nombres jusqu'à 100 quintillions.

Depuis l'invention de M. Bollée, quelques autres machines ont été combinées en vue de la multiplication directe.

Dans la machine de M. O. Steiger ([2]) (1892), dénommée la *Millionnaire*, les produits partiels sont constitués matériellement au moyen de secteurs accouplés implantés sur un arbre commun, chaque chiffre étant représenté par la

---

([1]) Pour tous ces détails, se reporter au Rapport déjà cité du général Sebert (*S. E.*, 1894, p. 1004).

([2]) M., p. 972, Note 151.

distance de l'arc qui limite le secteur correspondant à la circonférence extérieure prise pour origine, c'est-à-dire qui répond au zéro. Par exemple, l'ensemble des deux systèmes de secteurs, qui ont été disjoints sur la figure 32, repré-

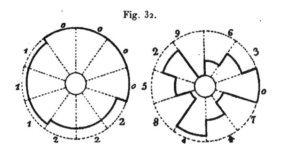

Fig. 32.

sente les multiples de 3, en partant de la direction horizontale de droite.

Dans une machine électrique du professeur Selling ([1]) (1894), dont nous avons cité plus haut la machine à crémaillères, les produits partiels sont obtenus par l'intermédiaire d'électro-aimants.

LES MACHINES A DIFFÉRENCES.

Principe du calcul des différences.

On verra plus loin l'importance des Tables numériques au point de vue des applications. Si l'intérêt qui s'attache à ces Tables se bornait à cataloguer une fois pour toutes, en les coordonnant, les résultats de calculs qu'on serait, sans cela, obligé de refaire un grand nombre de fois, cet intérêt serait loin d'être négligeable. Mais, en réalité, il va encore plus loin.

Lorsque, en effet, au lieu de calculer une suite de résul-

([1]) M., p. 972, Note 152.

tats sans enchaînement, on fait croître les données par
échelons égaux dans un ordre méthodique, l'Analyse mathématique fournit des simplifications qui réduisent la besogne
dans une mesure considérable. Il s'en faut de beaucoup,
dans ces conditions, que le travail requis pour l'établissement du catalogue soit équivalent à la somme de ceux
qu'exigerait le calcul de tous les résultats qui y sont contenus, *pris isolément*.

C'est le *Calcul des différences* qui est la source de ces
importantes simplifications. Un exemple particulièrement
caractéristique va nous permettre de faire saisir, sans aucun
appareil mathématique, le genre de secours que l'on peut
attendre de ce mode de calcul.

Supposons que nous voulions calculer une Table des
carrés des nombres, disposée sur deux colonnes contenant
l'une la suite naturelle des nombres 1, 2, 3, ..., l'autre
leurs carrés 1, 4, 9, ... Si, pour dresser ce Tableau, nous
prenons successivement chaque nombre pour le multiplier
par lui-même, nous ne tarderons pas à reculer devant la
longueur et l'aridité des calculs. Mais le Calcul des différences vient à notre secours en nous offrant la solution
suivante : Accolons temporairement aux deux colonnes qui
doivent constituer le Tableau définitif une troisième colonne dans laquelle nous inscrirons la suite des nombres
impairs en commençant par le nombre 3. Dès lors, chaque
carré inscrit dans la seconde colonne se déduit du précédent par simple addition du nombre impair placé à côté de
celui-ci dans la troisième colonne, ainsi que l'on peut s'en
rendre compte sur le Tableau que voici :

Nombres.	Carrés.	Différences.
1	1	3
2	4	5
3	9	7

Nombres.	Carrés.	Différences.
4	16	9
5	25	11
6	36	13
7	49	15
8	64	17
9	81	19
»	»	»
936	876 096	1873
937	877 969	1875
»	»	»
»	»	»
»	»	»

Lorsqu'on est arrivé, par exemple, au carré de 936 qui est 876 096, le nombre impair de même rang dans la troisième colonne est 1873. Il suffit dès lors d'effectuer la simple addition de ces deux derniers nombres pour avoir le carré 877 969 de 937 qu'on inscrit immédiatement dans la seconde colonne.

On peut, d'ailleurs, pour effectuer les additions successives auxquelles se réduit la construction d'une Table, avoir recours aux machines précédemment décrites. C'est même là un excellent emploi de ces machines. Si, par exemple, on veut se servir de l'arithmomètre Thomas, on n'aura, pour faire apparaître les divers carrés dans les lucarnes D du résultat (*fig.* 19), qu'à inscrire successivement sur la platine I les différents nombres impairs, ce qui revient à faire croître le nombre inscrit au moyen des boutons C, de deux en deux unités à partir du nombre 3, et à donner chaque fois un tour de manivelle. On voit quelle est la simplicité, quelle est aussi la rapidité de cette opération dont l'exécution exige moins de temps qu'il n'en faut pour en écrire les résultats.

La propriété que nous venons d'indiquer pour la construction d'une Table de carrés s'étend à des cas beaucoup

plus généraux. Remarquons que la différence entre les différences dont nous venons de nous servir (les ·nombres
impairs consécutifs) est constante et égale à 2. On dit que
la différence seconde des carrés des nombres entiers est con-
stante. C'est sous cette forme que la proposition se géné-
ralise. Si, au lieu d'un simple carré, on considère un polynome du second degré tel que

$$A x^2 + B x + C;$$

si, en outre, au lieu de faire croître le nombre x (qu'on
appelle l'*argument* de la Table) d'unité en unité à partir
de la valeur 1, on le fait croître par échelons successifs
égaux mais quelconques, à partir d'une valeur quelconque,
la propriété reste vraie.

Mais si, au lieu d'un seul chiffre comme dans le cas précédent, la différence seconde constante en comprend plusieurs, le calcul au moyen de l'arithmomètre, tel qu'il vient
d'être indiqué, cesse d'être aussi simple.

Il y a plus encore : la propriété que nous venons de
rappeler pour les polynomes du second degré s'étend au 3e,
au 4e, ..., au $n^{ième}$ degré. Seulement ici, ce sont les différences d'ordre 3e (différences des différences secondes),
4e, ..., $n^{ième}$, qui sont constantes. Et là le calcul par l'arithmomètre deviendrait trop compliqué.

Le problème se pose alors de construire des machines
capables, par leur seul jeu, une fois inscrites les valeurs
initiales, d'effectuer les sommations en quelque sorte su-
perposées permettant de passer de la valeur constante
d'une différence quatrième, par exemple, aux valeurs des
différences troisièmes, de celles-çi aux différences deuxiè-
mes, puis aux différences premières, et enfin aux valeurs
du polynome du 4e degré correspondant. Une telle machine
est dite *à différences.*

D'O.   6

Divers types de machines à différences.
(*Babbage, Scheutz, Wiberg, Grant.*)

C'est J.-H. Müller, l'ingénieur militaire hessois déjà cité plus haut, qui semble avoir pour la première fois, en 1786, conçu l'idée d'une telle machine (¹). Cette idée resta toutefois à l'état purement théorique et avait même sans doute été oubliée, lorsque, en 1812, elle se représenta à Ch. Babbage, qui se préoccupa, lui, de la réaliser.

Entamés en 1823, sous le patronage et avec le concours financier du gouvernement anglais, les essais de Babbage aboutirent en 1833 (²) à une machine d'un fonctionnement normal, la première de ce genre que l'on ait vue à l'œuvre. Elle opère sur les différences secondes et se compose de trois colonnes formées de rondelles chiffrées de o à 9 sur leur périphérie et qui servent à l'inscription, suivant des lignes verticales, l'une de la différence seconde constante, la deuxième des différences premières et la troisième des termes cherchés. Le calcul de chaque terme n'exige que deux mouvements semi-circulaires d'un levier, qui ajoutent la différence seconde constante à la différence première inscrite sur la deuxième colonne, puis la nouvelle différence première ainsi obtenue au terme inscrit sur la troisième colonne où apparaît alors le terme suivant.

La machine à différences de Babbage offre l'intérêt d'avoir inauguré une voie nouvelle fort importante pour les applications; mais son action était trop limitée. Les fonctions

(¹) Le projet de Müller est décrit dans un Ouvrage spécial de Ph.-E. Klipstein : *Beschreibung einer neu erfundenen Rechenmaschine;* Francfort-sur-le-Mein; 1786.
(²) *P. J.*, t. XLVII, 1832, p. 441. — Babbage a consacré aussi une Note à sa machine dans le *Neuvième Traité de Bridgewater* (2ᵉ éd., Londres, 1838, p. 186). Le modèle primitif de cette machine est conservé au Musée du Collège de Somerset-House.

quelconques dont on calcule les Tables peuvent être remplacées, d'intervalle en intervalle, par des polynomes dont
les valeurs s'obtiennent par différences. Mais ces polynomes
(premiers termes de développements en séries) représentent les fonctions considérées avec une approximation
d'autant plus grande qu'on en prend des termes de degré
de plus en plus élevé. Le second degré n'est généralement
pas suffisant; le quatrième donne, au contraire, dans une
foule de cas de la pratique, toute la précision que l'on peut
désirer.

La première machine qui ait été construite pour opérer
sur les différences quatrièmes est celle de Scheutz père et
fils ([1]), l'un éditeur d'un journal technologique à Stockholm,
l'autre élève de l'Institut technique de la même ville.

C'est en 1834 que le père, Georges Scheutz, conçut la
première idée de cette machine, sans connaître d'ailleurs
le mécanisme de celle de Babbage dont il avait seulement
entendu parler. Il en soumit, en septembre 1838, le projet
à l'Académie des Sciences de Paris ([2]). Mais ce ne fut que
beaucoup plus tard, en 1853, qu'avec l'aide de son fils
Édouard, il parvint à le réaliser.

La machine Scheutz (*fig.* 33) se compose de cinq étages
d'anneaux chiffrés traversés par quinze axes verticaux qui
portent chacun quatre plateaux intermédiaires.

Chaque étage représentant un certain ordre de différence,

([1]) On trouvera en Appendice une Note où est indiqué l'ingénieux mode de
figuration plane du jeu de cette machine, imaginé par le lieutenant-colonel du
Génie Bertrand.

([2]) *C. R.*, 2ᵉ sem. 1838, p. 1056. On trouve la description de la machine
Scheutz dans *P. J.*, t. CLVI, 1860, p. 241 et 321. — V. B., p. 189.

Babbage a consacré à la machine Scheutz une Note des plus curieuses
(*C. R.*, 2ᵉ sem. 1855, p. 557) dans laquelle il indique un système rationnel
de notation mécanique permettant de donner la description schématique d'une
machine quelconque sous forme de Tableau graphique.

chaque anneau représente à son étage un certain ordre
décimal, le chiffre correspondant étant celui qu'il montre

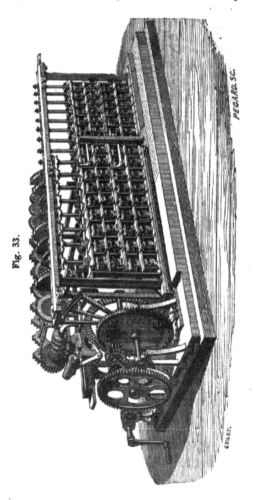

Fig. 33.

sur la face libre de la machine. L'étage inférieur sert pour
les différences quatrièmes ; celui qui lui est immédiatement
superposé, pour les différences troisièmes, et ainsi de suite

jusqu'à l'étage supérieur où s'inscrivent les termes calculés
qui doivent figurer dans la Table.

Les plateaux tournants effectuent les additions et re-
portent ainsi les différences de chaque anneau à l'anneau
immédiatement supérieur.

La machine agit d'ailleurs alternativement sur les deux
étages d'ordre impair et sur les deux d'ordre pair. Le
nombre inscrit à l'étage inférieur (différence quatrième)
étant constant, un tour de manivelle fait avancer d'un rang
les différences troisième et première, et le tour suivant la
différence seconde et le nombre à introduire dans la Table.
Les huit premiers chiffres de celui-ci, en partant de la
gauche, sont d'ailleurs imprimés en creux dans une lame
de plomb en vue de la stéréotypie.

La machine permet donc non seulement de calculer des
Tables mais encore de les stéréotyper, évitant à la fois les
fautes de calcul et les fautes d'impression. Elle fait d'ailleurs
réaliser une sensible économie de temps attendu qu'on a
constaté qu'elle calcule et stéréotype, à la fois, deux pages
et demie de chiffres dans le temps où un bon ouvrier typo-
graphe arrive à en composer une seule.

La machine Scheutz, qui figurait à l'Exposition universelle
de 1855, à Paris, est devenue, grâce à la libéralité d'un
riche négociant américain, M. J. F. Rathbone, la propriété
de l'observatoire Dudley, d'Albany, aux États-Unis, où elle
a été utilisée pour le calcul de Tables de logarithmes, de
sinus et de logarithmes-sinus ([1]).

Un autre exemplaire de cette machine a été établi en 1858
pour l'office du *Registrar general* de Somerset-House, sur
la commande du gouvernement anglais, par les construc-

([1]) Un spécimen de ces Tables a été mis en vente à Paris en 1858 sous le
titre : *Spécimen de Tables calculées, stéréotypées et imprimées au moyen
d'une machine.*

teurs Bryan et Donkin qui y apportèrent quelques améliorations de détail.

Cette machine a calculé et imprimé 605 Tables (grand
in-4°) qui constituent le fondement du calcul des rentes
viagères servies par les caisses d'épargne postale an-
glaises (¹).

Un autre Suédois, Wiberg, a réalisé une machine à différences remplissant exactement le même office que celle de
Scheutz, mais grâce à des moyens mécaniques nouveaux
qui ont permis de réduire très sensiblement les dimensions
de l'ensemble, comparables, dans le type de Scheutz, à celles
d'un petit piano.

Cette machine Wiberg, présentée avec éloge, à l'Académie
des Sciences de Paris, par l'astronome Delaunay (²), se
compose de 75 rondelles métalliques, chiffrées de o à 9 sur
leur périphérie, et traversées par un même axe autour duquel elles peuvent tourner à frottement et indépendamment
les unes des autres. Ces 75 rondelles se répartissent en
15 groupes de 5; chacun de ces groupes correspond à un
certain ordre décimal; et, dans chaque groupe, la première
rondelle à gauche marque le chiffre de cet ordre pour le
terme calculé, la seconde, le chiffre de même ordre pour
sa différence première, et ainsi de suite jusqu'à la cinquième qui marque le chiffre de même ordre pour la différence quatrième constante. On voit donc que, pour lire le
terme obtenu, il faut, en allant de gauche à droite, extraire
les chiffres marqués par les rondelles prises de cinq en cinq
à partir de la première.

La machine Wiberg, comme la machine Scheutz, agit
successivement, d'une part sur les différences troisième et

(¹) *Tables of lifetimes, annuities and premiums, with an introduction by
W. Farr;* Londres, 1864.
(²) *C. R.,* 1ᵉʳ sem. 1863, p. 330.

₁remière, de l'autre sur la différence seconde et le terme à
introduire dans la Table. Une correspondance mécanique
groupe d'ailleurs, sur une autre partie de la machine, les
huit premiers chiffres de ce terme, figurés en relief de façon
à s'imprimer en creux dans une plaque de plomb, en vue de
la stéréotypie.

On trouvera dans la Note citée de Delaunay une description très détaillée, malheureusement sans figures, du mécanisme de cette machine, dont l'organe essentiel est un axe
parallèle à celui des rondelles et qui porte 3o doigts. Ces
doigts en venant se placer derrière certaines dents liées
aux rondelles les poussent devant eux, faisant ainsi tourner
les rondelles correspondantes autour de leur axe commun.
Une règle dentée en forme de peigne est, d'ailleurs, disposée
de façon à laisser passer librement les dents des 3o rondelles poussées par les crochets et à immobiliser les autres.

La machine de Wiberg a été aussi employée à calculer
et à imprimer des Tables logarithmiques (¹) ou finan-
cières qui ont mis en évidence un certain nombre d'erreurs
dans les Tables du même genre publiées antérieurement.

M. G.-B. Grant, l'auteur d'une des machines à multiplier
mentionnées plus haut, a, de son côté, imaginé une machine
à différences (²) dont la disposition générale est la même
que celle de la machine Wiberg, c'est-à-dire qui comprend,
comme celle-ci, des rondelles chiffrées enfilées sur un même
axe et groupées par ordre décimal, mais qui offre des dispositions mécaniques spéciales, notamment en ce qui concerne la partie imprimante de la machine.

M. Léon Bollée, dont la machine à multiplier directement
a été décrite plus haut, a dressé le projet d'une machine à

(¹) *Logarithm-Tabella, uträknade och tryckte med räknemaskin;* Stockholm, 1875.
(²) *Amer. Journ. of Science and Arts,* 2ᵉ sem. 1871, p. 113.

différences, capable d'opérer sur des différences du vingt-septième ordre ! M. Bollée a, comme mécanicien pratique, fait ses preuves de façon assez éclatante pour qu'il n'y ait pas lieu de regarder son projet comme chimérique. Malheureusement, la construction de ses automobiles l'a, depuis lors, entièrement détourné des machines à calculer. Il faut souhaiter qu'il y revienne quelque jour, et, en particulier, qu'il réalise la machine à différences dont il a conçu le plan. Il n'est pas, en effet, d'applications où l'approximation exigée atteigne les différences du vingt-septième ordre ; on est donc en droit de dire que, *pratiquement*, cette machine donnerait, pour la construction des Tables, une précision indéfinie.

MACHINES ANALYTIQUES ET ALGÉBRIQUES.

La machine analytique de Babbage.

Avec la machine dont il va être maintenant question, il semble qu'on entre dans le domaine de la féerie. Dans la pensée de son inventeur, elle était destinée à effectuer n'importe quelle suite d'opérations arithmétiques sur n'importe quels nombres, en aussi grande quantité qu'on les suppose, et à en fournir le résultat tout imprimé avec l'indication, au moyen des signes de l'Algèbre, de toute la suite des opérations effectuées.

Au premier abord, l'esprit est effrayé par les termes mêmes d'un tel problème et n'ose entrevoir la possibilité de sa solution. C'est pourtant sur la recherche d'une telle solution que, dès 1834, Charles Babbage concentrait tous ses efforts pour arriver, en quelques années, à vaincre, théoriquement au moins, toutes les difficultés de la question ([1]).

([1]) Dès 1842, une première description de la machine a, en effet, pu être donnée, d'après Babbage, par le général Menabrea, alors capitaine du génie piémontais, dans la *Bibliothèque universelle de Genève* (t. XLI, p. 352). Il

Dans la machine de Babbage les nombres s'inscrivent verticalement sur des colonnes formées par l'empilement de rondelles, chiffrées sur leur périphérie de o à 9, et traversées par un même axe. Pour inscrire un nombre sur une de ces colonnes, il suffit d'aligner sur une certaine génératrice les chiffres dont se compose ce nombre, pris sur les diverses rondelles qui constituent la colonne.

Cela dit, la machine comprend essentiellement deux parties formées chacune par la réunion d'un certain nombre de ces colonnes. La première, qui est dite le *magasin*, est destinée à recevoir : 1° les nombres soumis au calcul ; 2° les nombres obtenus comme résultat de ce calcul. La seconde, qui est dite le *moulin*, est celle où les nombres sont combinés mécaniquement suivant les règles voulues.

Le jeu de la machine peut être indiqué comme suit : les nombres donnés sont puisés dans le magasin sur les colonnes où ils avaient été inscrits (qui toutes sont remises à zéro) et transportés dans le moulin où l'opération s'effectue. Le résultat de l'opération est ensuite reporté dans le magasin, sur la colonne désignée d'avance à cet effet. Cela suppose que la machine est disposée mécaniquement : 1° pour aller prendre ou reporter les nombres sur les colonnes voulues ; 2° pour les soumettre à l'opération demandée. Il faut donc

---

y a lieu, à ce propos, de mentionner un fait curieux que le général Menabrea porta à la connaissance de l'Académie des Sciences de Paris, lorsqu'en 1884 (*C. R.*, 2ᵉ sem. 1884, p. 179), il l'entretint de la machine Babbage. Son Mémoire avait été traduit en anglais dans les *Scientific Memoirs* (vol. III, Londres, 1843), et le traducteur, qui n'avait signé que des initiales A. L. L., y avait ajouté des notes indiquant une remarquable pénétration d'esprit et une haute culture mathématique, en même temps qu'une pleine intelligence du sujet. Intrigué, le capitaine Menabrea pria Babbage de lui dévoiler le secret de ces initiales. Quelle ne fut pas sa surprise lorsque Babbage lui livra le nom de lady Ada Lovelace, la fille unique de lord Byron? On ne saurait guère imaginer de plus singulier contraste que celui offert avec son père par cette fille de poète s'appliquant à l'étude si exacte et si ardue des machines à calculer.

qu'il y ait dans cette machine un organe variable, qu'on pourra appeler l'*ordonnateur*.

Cet ordonnateur mécanique est réalisé tout simplement au moyen de feuilles de carton ajourées du genre de celles qui interviennent dans le métier de Jacquard, ainsi que dans cet ingénieux appareil appelé *mélotrope* qui, adapté au clavier d'un piano, permet de faire fonctionner celui-ci mécaniquement ainsi qu'un orgue de Barbarie, par la rotation d'une manivelle.

De même que, dans ce dernier cas, les trous percés dans le carton constituent une notation musicale spéciale, de même, dans la machine de Babbage, ces trous constituent une sorte de notation algébrique, et l'on conçoit que l'on puisse déterminer *a priori* leur disposition en vue d'une certaine opération à effectuer.

On conçoit aussi que cette notation algébrique réalisée matériellement puisse être transmise à la partie imprimante de la machine de façon à amener sur celle-ci le signe correspondant de l'écriture algébrique courante.

Grâce aux subsides mis à sa disposition par la libéralité de la reine Victoria, et qu'il grossit encore au moyen d'une partie de sa fortune personnelle, Babbage put faire fabriquer les pièces qui devaient entrer dans la composition de sa machine. Malheureusement, la mort le surprit alors qu'il avait à peine entamé le montage de ces pièces, et elles sont restées éparses entre les mains de son fils, général dans l'armée anglaise, qui en a fait don au South-Kensington Museum de Londres, où on peut toujours les voir.

Le général Babbage a, en outre, réuni en un fort Volume([1]) tous les documents qu'il a pu recueillir au sujet de la ma-

---

([1]) *Calculating Engines* (Londres; Spon; 1889). Ce Volume existe à la Bibliothèque du Conservatoire des Arts et Métiers.

·chine projetée par son père. Se trouvera-t-il quelque jour un mécanicien, d'une sagacité spéciale, qui, en s'aidant de cette description, achèvera l'œuvre interrompue de Babbage?

La question fut portée devant l'*Association britannique pour l'avancement des sciences,* qui confia son étude à une commission composée des savants les plus qualifiés ([1]). Cette commission constata que la partie actuellement montée ne constitue qu'une petite portion du moulin, suffisante pourtant pour faire saisir le procédé employé par Babbage pour effectuer mécaniquement l'addition et la soustraction; que les pièces non montées comprennent des manivelles et des roues en métal à canon, montées sur des axes d'acier, et, en plus grand nombre, des roues faites d'un alliage d'étain et de zinc, obtenues par moulage et dont les moules existent aussi ; que l'on possède enfin une grande quantité de dessins propres à faire saisir tous les mouvements particuliers essentiels au jeu de la machine, mais qui auraient besoin d'être complétés par des dessins d'exécution. Toutefois, la commission estima que ce qui restait à faire exigerait un temps et des frais (évalués à 250 000ᶠ au bas mot) qui ne permettaient pas à l'Association d'assumer la charge de parfaire l'œuvre de Babbage.

Ne peut-on, au moins, espérer que les principes imaginés par le savant mécanicien anglais recevront un jour une application de moindre ampleur ([2]), pourtant encore intéressante, telle que serait celle qui viserait le calcul des

---

([1]) Cayley, Farr, Glaisher, Pole, Fuller, Kennedy, Clifford, Merrifield. Le rapport rédigé par ce dernier, et qui a paru dans les *Procès-verbaux* de l'Association pour 1878, a été reproduit dans l'Ouvrage ci-dessus cité où l'on trouve encore la traduction de la Note de Menabrea par lady Ada Lovelace et les remarquables additions qu'y ajouta celle-ci.

([2]) Le modèle projeté primitivement par Babbage comprenait 1000 colonnes de 50 rondelles, permettant, par conséquent, de faire intervenir dans l'opération, à titre de données ou de résultats, 1000 nombres de 50 chiffres. On peut, évidemment, sans inconvénient, réduire sensiblement une telle quantité.

déterminants si précieux pour la résolution des systèmes
d'équations du premier degré à plusieurs inconnues ?

Un mot sur les machines algébriques.

Dans la catégorie des opérations de calcul qu'offrent les
applications, à côté de celles de l'Arithmétique, se rencontre la résolution des équations numériques.

Lorsqu'une quantité à déterminer est liée à des quantités
données par une formule qui la fait apparaître comme le
résultat de certaines opérations arithmétiques effectuées
sur ces données, nous pouvons l'obtenir, en exécutant ces
diverses opérations au moyen des machines précédemment
décrites.

Si, par exemple, nous écrivons

$$x = ab + c^2,$$

nous voyons qu'en effectuant d'une part le produit de a par b,
d'autre part le carré de c, et en faisant la somme de ce produit et de ce carré, nous obtenons la valeur de x. Cette
quantité x est dite, dans ce cas, une *fonction explicite* de a,
de b et de c.

Mais il se peut que le lien analytique unissant la quantité
cherchée aux quantités connues soit autre que la simple
indication des opérations arithmétiques à effectuer sur
celles-ci pour avoir celle-là. Si, par exemple, l'inconnue x
est déterminée par l'équation du second degré

$$x^2 + px + q = 0,$$

où p et q représentent des nombres donnés, cela veut dire
que x doit être une quantité telle que sa valeur substituée
à la place de la lettre x dans le premier membre de l'équation le rende identiquement nul; mais le seul aspect de la
formule ne montre pas, comme dans le cas précédent, la
suite des opérations arithmétiques à effectuer sur les

nombres p et q pour obtenir la valeur de x. On dit alors
que x est une *fonction implicite* de p et q.

On sait, à la vérité, dans nombre de cas, dégager l'inconnue de ces liens analytiques pour obtenir sa valeur sous
forme explicite, pour l'*expliciter*, comme disent les mathématiciens. C'est en cela que consiste la *résolution algébrique des équations.* En ce qui concerne l'équation ci-
dessus écrite, on a les deux valeurs de x qui y satisfont, et
qu'on appelle ses *racines,* par les formules

$$x' = -\frac{p}{2} + \sqrt{\frac{p^2}{4} - q}$$

et

$$x'' = -\frac{p}{2} - \sqrt{\frac{p^2}{4} - q}.$$

Mais il s'en faut qu'on puisse, dans tous les cas, expliciter
aussi facilement les valeurs des racines. Dès le troisième
degré, c'est-à-dire pour l'équation

$$x^3 + nx^2 + p.x + q = 0,$$

qui a trois racines, les calculs deviennent extrêmement
compliqués.

A partir du cinquième degré (sauf dans des cas excep-
tionnels) ces calculs, ainsi que l'a démontré l'illustre mathématicien Abel, deviennent impossibles. On ne peut plus
indiquer une suite finie d'opérations arithmétiques (y compris l'extraction des racines d'ordre quelconque) propres à
faire connaître les valeurs des racines, toujours en nombre
égal au degré de l'équation.

A la vérité, on sait bien, par de telles opérations, former
des valeurs qui diffèrent aussi peu qu'on veut de celles des
racines cherchées. Mais ces calculs, qui constituent ce qu'on
appelle la *résolution numérique des équations,* supposent
certains essais préalables pour lesquels les machines arithmétiques pourront être d'un utile secours, mais qui ne se

prêtent qu'à une intervention en quelque sorte indirecte de leur part.

Pour obtenir rapidement des valeurs approchées des racines d'une équation, c'est, comme on le verra plus loin, la Nomographie qui fournit les solutions les plus satisfai-- santes. Il convient de noter toutefois qu'on a cherché à faire remplir le même office par des appareils fondés sur certaines lois physiques. Ces appareils sortent un peu, à la vérité, du cadre du présent Ouvrage. Nous nous bornerons à mentionner rapidement les principaux.

Ces appareils sont généralement fondés sur la recherche de certains équilibres statiques [Bérard (¹) (1810), Lalanne (²) (1840), Exner (³) (1881), Boys (⁴) (1886), Massau (⁵) (1887), Grant (⁶) (1897)], hydrostatiques [Veltmann (⁷) (1884), Demanet (⁸) (1898), Meslin (⁹) (1900)], électriques [Félix Lucas (¹⁰) (1888)].

D'autres utilisent les propriétés du mouvement de rou- lettes qu'entraînent, par adhérence, des plateaux animés de rotations uniformes [Stamm (¹¹) (1863), Marcel Deprez (¹²)

(¹) *Opuscules mathématiques*, 1810.

(²) *C. R.*, 2ᵉ sem. 1840, p. 959.

(³) M., p. 1068.

(⁴) *Philos. Magaz.*, 5ᵉ série, t. XXI, 1886, p. 241 (M., p. 1069).

(⁵) *Note sur les intégraphes*, Gand, 1887, p. 30.

(⁶) *Revue technique*, 10 avril 1897, p. 161. La machine Grant a été perfec- tionnée par M. Skutsch (M., p. 1069).

(⁷) *Zeitschr. Instrumentenkunde*, t. IV, 1884, p. 338 (M., p. 1072). — W. D., p. 155.

(⁸) *Mathesis*, 1898, p. 81. — *Suppl. al Periodico di Matematica*, mai 1898.

(⁹) *C. R.*, 1ᵉʳ sem. 1900, p. 888. Cet appareil, fort ingénieux, se compose de solides géométriques convenablement définis, suspendus en des points déterminés du fléau d'une balance et immergés dans un liquide dont le niveau fait connaître une racine de l'équation lorsque le fléau prend un état d'équilibre horizontal.

(¹⁰) *C. R.*, 1ᵉʳ sem. 1888, p. 195, 268, 587, 645, 1072.

(¹¹) *Essais sur l'Automatique pure*, 1863, p. 43. Ce petit Ouvrage renferme des considérations très intéressantes sur la génération automatique des fonc- tions, les différentiations et intégrations automatiques.

(¹²) *Notice sur les travaux scientifiques*, p. 5.

(1871), Guarducci (¹) (1890)], ou celles des systèmes articulés [Kempe (²) (1873)].

C'est le savant ingénieur espagnol M. L. Torrès qui est
parvenu le premier, en 1893, à combiner une machine, uniquement composée de systèmes à liaisons géométriques,
capable de résoudre des équations. Il en sera question plus
loin parce qu'elle rentre dans la catégorie des appareils
logarithmiques. Mais il convient d'ajouter ici que, non content d'étudier la question dans ses moindres détails pratiques (³), M. Torrès s'est livré, en outre, à des spéculations
théoriques du plus haut intérêt (⁴), qui lui ont permis de
donner « une solution théorique, générale et complète du
problème de la construction des relations algébriques et
transcendantes par des machines (⁵) ».

M. Torrès a d'ailleurs fait voir que les mêmes principes
s'étendaient à la résolution des systèmes d'équations quelconques à plusieurs inconnues. Pour les systèmes d'équations linéaires, si importants pour les applications, des
solutions spéciales fort ingénieuses ont été données par
Lord Kelvin (Sir W. Thomson) (⁶), Wehage (⁷), Guarducci (⁸).

(¹) *Mémoires de l'Académie des Lincei,* de Rome, 4ᵉ série, t. VII, 1892,
p. 217.
(²) *Messenger of Mathematics,* 2ᵉ série, t. II, 1873, p. 51.
(³) *Revue de Mécanique,* septembre-octobre 1901.
(⁴) *Mémoires présentés par divers savants à l'Académie des Sciences,*
t. XXXII, 1901. — *Revue des questions scientifiques,* avril 1902.
(⁵) Extrait du rapport de M. Appell à l'Académie des Sciences (*C. R.,*
1ᵉʳ sem. 1900, p. 874).
(⁶) *London Royal Society Proceedings,* t. XXVIII, 1878, p. 111, et *Trea-
tise on Natural Philosophy,* de Thomson et Tait, 2ᵉ éd., 1879, p. 482.
(⁷) *Ver. Gewerbfleiss Verh.,* t. LVII, 1878, p. 154 (M., p. 1068, Note 593).
(⁸) *Mém. de l'Acad. dei Lincei,* 4ᵉ série, t. VII, 1892, p. 219, 225.

III. — LES INSTRUMENTS ET MACHINES LOGARITHMIQUES.

Les machines qui viennent d'être passées en revue ne peuvent manquer, par la rapidité et par l'étendue des opérations qu'elles permettent d'effectuer, de frapper l'imagination de ceux qui les voient pour la première fois. Ces mécanismes suppléant, grâce au simple jeu d'une manivelle, au travail mental que le calcul exige de notre part, produisent au premier abord une vive impression de surprise; on serait presque tenté de les ranger dans le domaine du merveilleux.

Les instruments auxquels nous arrivons maintenant ne présentent pas à première vue le même caractère. De simples règles ou de simples disques gradués n'ont assurément rien qui parle à l'imagination. Pourtant, ils ne sont pas moins dignes d'attention que les chefs-d'œuvre de mécanique précédemment décrits et les services qu'ils rendent sont encore plus considérables, car ils sont, pour ainsi dire, d'un usage universel, tandis que la plupart des machines à calculer ne peuvent, en raison de leur prix élevé, se prêter qu'à des applications relativement restreintes.

La nature des résultats obtenus n'est, d'ailleurs, pas tout à fait la même dans les deux cas. Pour bien saisir la différence qui existe de l'un à l'autre, il faut avoir une claire idée de ce qu'on entend par la locution de *calcul approché,* en opposition avec celle de calcul rigoureux.

Un exemple va nous servir à expliquer cette locution sans faire intervenir aucune digression théorique. Supposons que l'on veuille savoir ce que coûtent $3^m,75$ d'étoffe à $6^{fr},45$ le mètre. Si l'on effectue rigoureusement l'opération soit la plume à la main, soit au moyen d'une machine arithmétique

comme l'arithmomètre Thomas, on trouve pour résultat
24^{fr},1875. Or, on n'a que faire en pratique de tant de décimales. L'usage courant ayant établi que les paiements ne
s'effectuent que par fractions indivisibles de 5 centimes, on
prendra, au lieu du nombre calculé, le nombre rond le plus
voisin, qui est ici 24^{fr},20. Ce nombre est dit un *résultat
approché* de la multiplication qu'il s'agissait de faire. Il est
dit *approché par excès* parce qu'il surpasse le résultat rigoureusement exact auquel on l'a substitué. Dans le cas contraire, on eût dit qu'il était *approché par défaut*. On voit
donc que, suivant une tolérance admise pour les divers cas
de la pratique, on n'a généralement pas besoin de tous les
chiffres que fourniraient les opérations arithmétiques effectuées rigoureusement sur l'intégralité des chiffres des données. Lorsque, par un procédé quelconque, on se borne à
déterminer la partie du résultat exigée par les besoins pratiques, on fait un *calcul approché*. Tel est, en particulier,
le cas avec les instruments logarithmiques dont nous allons
maintenant aborder l'examen.

Principe des logarithmes.

Il n'est pas possible de comprendre le principe de ces
instruments sans savoir ce que c'est qu'un logarithme. La
notion de logarithme est une de celles qui sont le plus
familières à quiconque a ordinairement recours aux Mathématiques, ne fût-ce qu'en vue de leurs plus simples applications. Peut-être a-t-elle, en revanche, de quoi un peu
effrayer, à cause de son nom, les personnes qui ne sont pas
dans ce cas. Il ne semble néanmoins pas bien difficile de
donner à celles-ci une idée de cette notion, suffisamment
nette pour qu'elles puissent sans difficulté s'expliquer le jeu
des divers instruments fondés sur son emploi.

Supposons qu'ayant disposé la suite naturelle des nombres en colonnes verticales, nous inscrivions à côté de chacun d'eux un nombre que nous appellerons son *correspondant,* ces correspondants étant tels qu'ils satisfassent à la condition suivante :

Soient *a, b, c* les correspondants des nombres A, B, C. Il faut que, si le nombre C est égal au produit A × B, son correspondant *c* soit égal à la somme *a + b,* des correspondants de A et de B, et cela quels que soient ces nombres.

En particulier, il faut que le correspondant de 10 soit égal à la somme des correspondants de 2 et de 5, que le correspondant de 12 soit égal à la somme des correspondants de 3 et de 4, et aussi à la somme de ceux de 2 et de 6, etc.

Il n'est pas évident, *a priori,* qu'il soit possible de dresser un tel tableau. L'Analyse mathématique prouve cependant qu'il en est ainsi. La démonstration directe de cette possibilité n'est venue toutefois, il faut le dire, que longtemps après sa constatation pure et simple, due au génie de Néper.

Celui-ci, pour la première fois, dressa un tableau jouissant du caractère qui vient d'être défini. Il appela les correspondants des nombres leurs *logarithmes;* le tableau lui-même prit dès lors le nom de *Table de logarithmes.*

On se rend aisément compte des principaux usages d'une telle Table.

Veut-on, par exemple, effectuer le produit A × B ? On cherche dans la Table les logarithmes *a* et *b* de ces nombres; on effectue la somme *a + b*; on cherche, dans la colonne des logarithmes, celui qui est égal à cette somme et l'on note le nombre qui lui correspond dans la première colonne. Par définition même, celui-ci est égal au produit A × B, ou plutôt à une *valeur approchée* de ce produit, au degré d'approximation défini par les échelons de la liste des nombres inscrits.

La recherche d'un logarithme dans la seconde colonne est, d'ailleurs, des plus aisées et des plus rapides, en raison de ce que les logarithmes vont en croissant toujours dans le même sens, comme les nombres inscrits dans la première colonne.

Pour effectuer la division il suffit, par une marche inverse, de prendre dans la Table le nombre dont le logarithme est égal à l'excès du logarithme du dividende sur le logarithme du diviseur.

S'agit-il d'élever un nombre A à une puissance m? Le nombre cherché étant égal au produit de m facteurs égaux à A, son logarithme sera égal, par définition, à la somme de m logarithmes égaux à a. On aura donc son logarithme en multipliant simplement a par m. Le nombre m étant généralement composé d'un seul chiffre, on peut écrire immédiatement le résultat de cette multiplication. Mais on pourrait aussi, si l'on voulait, l'effectuer au moyen d'une simple addition de logarithmes, comme il a été dit plus haut.

Inversement, le logarithme de la racine $m^{ième}$ d'un nombre sera égal à la $m^{ième}$ partie du logarithme de ce nombre; etc.

Ce qui précède est suffisant pour faire comprendre comment les multiplications et divisions approchées portant sur des nombres quelconques peuvent se ramener à de simples additions ou soustractions portant sur d'autres nombres correspondant aux premiers d'après un tableau fixe et qui sont dits leurs logarithmes. La marche suivant laquelle on opère comprend donc trois phases : 1° recherche, dans la Table, des logarithmes des nombres donnés; 2° combinaison de ces logarithmes par voie d'addition ou de soustraction; 3° recherche, dans la Table, du nombre dont le logarithme est égal au résultat de cette opération.

Digression sur l'histoire des logarithmes.

L'importance primordiale et universelle des logarithmes comme instrument de simplification du calcul est de nature à justifier ici quelques brèves indications sur leur histoire ([1]).

La remarque initiale d'où devait sortir la notion des logarithmes est la suivante : Écrivons parallèlement deux progressions, l'une géométrique commençant par 1, l'autre arithmétique commençant par 0; si A, B, C sont trois termes quelconques de la première progression, *a, b, c* les termes correspondants de la seconde, lorsque

$$A \times B = C,$$

on aura, en même temps,

$$a + b = c.$$

Cette propriété, remarquée par Archimède, à propos d'un problème où il s'agissait de déterminer l'ordre décimal de grandeur d'un nombre immense ([2]), était, au début du XVI° siècle, attribuée à Michel Stieffel (1486-1567). Bornée d'abord au cas de progressions uniquement composées de nombres entiers, elle devait, pour donner naissance aux logarithmes, être complétée par l'idée de l'interpolation de termes aussi rapprochés que cela était nécessaire entre ceux des progressions primitives.

Cette idée géniale a suffi à immortaliser le nom de l'Écossais Napier (en français, Neper), baron de Merchiston, qui partageait son temps entre les études théologiques

---

([1]) C'est au lieutenant-colonel du Génie Bertrand que nous devons les notes qui nous ont servi à rédiger ce paragraphe.

([2]) *Traité de l'arénaire* (Œuvres complètes, traduites par Peyrard, p. 360).

et les recherches mathématiques. Non content d'avoir conçu cette idée, il eut encore le mérite de la faire passer dans la pratique en calculant une première Table (¹) qui, bien que présentant quelques erreurs, permit de faire la preuve de ce dont était capable la nouvelle invention.

Il est bon de rappeler qu'un des premiers et des plus fervents adeptes de ce mode nouveau de calcul fut l'illustre Kepler qui, sans son secours, aurait sans doute renoncé à dresser les Tables d'où il devait faire sortir les lois des mouvements planétaires ; de sorte que, si les logarithmes n'eussent pas été inventés à propos, la loi de la gravitation universelle serait peut-être encore à découvrir !

Au point de vue pratique, les logarithmes népériens offraient l'inconvénient d'être à base incommensurable ; autrement dit, lorsqu'un nombre était multiplié par 10, son logarithme s'accroissait d'un nombre incommensurable. Neper se rendit compte lui-même de l'utilité d'adopter la base 10 de façon que la multiplication d'un nombre par 10 ne fît qu'ajouter 1 à son logarithme. Mais la mort ne lui permit pas de réaliser cette réforme dont il avait simplement confié le plan à son fils, et c'est à son ami Henri Briggs, professeur à Oxford, que devait revenir la gloire de calculer pour la première fois ces nouveaux logarithmes, universellement employés aujourd'hui sous le nom de *logarithmes vulgaires*.

Briggs eut la patience de calculer lui-même, avec 14 décimales, les logarithmes des nombres de 1 à 20000 et

---

(¹) *Mirifci logarithmorum canonis descriptio* (Edimbourg, 1614). L'ouvrage, in-4°, de 56 pages de texte et 90 pages de Tables, est dédié au prince de Galles, qui devait être un jour l'infortuné Charles Ier. Il se termine par cette phrase : « Interim hoc brevi opusculo fruamini, Deoque opifici summo omniumque bonorum opitulatori laudem summam et gloriam tribuite. » (En recueillant les fruits de ce petit ouvrage, payez un tribut de gloire et de reconnaissance à Dieu, souverain auteur et dispensateur de tous les biens.)

de 90000 à 100000 ([1]). Mais, pour venir à bout de sa tâche, il dut faire appel à des collaborateurs qui furent Gellibrand, en Angleterre, pour les logarithmes trigonométriques ([2]), et Vlacq, en Hollande, pour la lacune laissée entre les nombres 20000 et 90000. Ces Tables, complétées par Vlacq et publiées en 1628 ([3]), ont constitué un trésor dans lequel ont puisé tous les éditeurs venus plus tard ([4]), qui, suivant le degré d'approximation qu'ils avaient en vue, n'ont eu qu'à en extraire un nombre restreint de décimales : 7, 6, 5, 4 et même moins.

Depuis Vlacq, on n'a guère réalisé, en matière de Tables de logarithmes, que des progrès de détail portant sur la disposition matérielle, le classement des nombres, la lisibilité, enfin l'exactitude ([5]). En ce qui concerne ce dernier point, on peut rappeler ici l'usage des machines pour le calcul des logarithmes par différences, et signaler l'invention de la stéréotypie qui permet de corriger les fautes au fur et à mesure qu'elles sont reconnues, sans risquer d'en introduire de nouvelles.

Il serait trop long de passer en revue les Tables publiées en divers pays ; le nombre en dépasse 500. On se bornera à résumer en quelques mots ce qui concerne la France.

Le Livre de Neper, introduit en France par Henrion, y fut réimprimé à Lyon dès 1620. Quant aux logarithmes de

---

([1]) *Arithmetica logarithmica* (Londres, 1624).

([2]) *Trigonometria britannica* (Gouda, 1628).

([3]) *Arithmetica logarithmica*, 2ᵉ éd. (Gouda, 1628).

([4]) Y compris les Chinois dont certaines Tables, données par eux comme remontant à l'antiquité la plus reculée, présentent les fautes caractéristiques de celles de Vlacq, qui ne peuvent laisser aucun doute sur leur origine. Le *Thesaurus* de Vega (1794) est aussi une copie de Vlacq.

([5]) On ne peut citer que comme de pures curiosités scientifiques les tours de force de divers calculateurs passionnés qui se sont efforcés d'obtenir les logarithmes avec un nombre formidable de décimales : Wolfram avec 48, Sharp avec 61 !

Briggs, ils furent importés chez nous par Wingate, dont il
sera question plus loin à propos de la règle à calcul. Les
Tables de Gardiner, à sept décimales, ont fait en 1770, à
Avignon, l'objet d'une édition estimée, mais bien peu ma-
niable en raison de son format in-folio.

Callet les reproduisit en les complétant, en 1783, sous la
forme d'un Volume très portatif, dont l'exécution fit honneur
à l'habile imprimeur Ambroise Didot. C'est lors de la nouvelle édition de cet Ouvrage, en 1795, que Firmin, le fils
de ce même imprimeur, inventa la stéréotypie. Le Volume
ainsi produit, bien connu, d'un format un peu plus grand
que le précédent, fait encore l'objet de nouveaux tirages.

Un autre Volume, moins connu, de très petit format, est
celui que Lalande publia, également chez Didot, en 1805,
et dans lequel il fit ressortir l'avantage qu'offrent les logarithmes à cinq décimales pour les calculs usuels.

Tous ces travaux, de seconde main, d'après le prototype
de Vlacq, quel que soit d'ailleurs leur mérite pratique, sont
éclipsés au point de vue scientifique par l'entreprise gran-
diose qui, à la fin du xviii⁰ siècle, fut provoquée par l'adop-
tion en France du système métrique. La division centési-
male du quart de cercle, édictée par ce système, exigeait le
calcul de nouvelles Tables. Prony, à qui échut la direction
du travail, sut l'organiser d'une façon remarquable. Ses collaborateurs furent par lui répartis en trois classes : 1° un
groupe de quelques géomètres de grand renom, Legendre
entre autres, chargés de créer les formules; 2° une équipe
de calculateurs mathématiciens qui disposaient les formules
pour le calcul et remplissaient la première ligne horizontale
et la dernière colonne verticale de chaque page; 3° un atelier d'une soixantaine de simples manœuvres aptes seulement à faire des additions, qui, par application de la
méthode des différences, suffisaient à remplir les colonnes

restantes ([1]). Tous ces calculs, poussés jusqu'à 14 décimales, étaient d'ailleurs faits en double dans des locaux différents, en vue du contrôle des résultats.

Ces Tables, dites du *Cadastre,* dont l'impression entamée par Didot, avec 12 décimales, fut interrompue au moment de la chute des assignats, ont donné, depuis lors, naissance aux Tables à 8 décimales du Service géographique de l'Armée, exécutées par l'Imprimerie Nationale avec des caractères gravés tout spécialement qui en font actuellement un Ouvrage sans rival pour la beauté de l'exécution.

Ajoutons que pour les calculs de haute précision portant sur de très grands nombres, la méthode de Fedor Thoman ([2]), par décomposition en facteurs, permet d'obtenir, en une vingtaine de lignes de calcul, le logarithme à 27 décimales d'un nombre donné, et inversement.

Enfin, lorsqu'il s'agit, au contraire, de calculs exigeant une assez faible approximation, on peut avoir recours à des Tables de logarithmes graphiques ([3]), formées par le simple accolement de deux échelles graduées l'une suivant les nombres, l'autre suivant leurs logarithmes (échelle de Gunter dont il sera question plus loin). Ces échelles sont d'ailleurs tronçonnées et leurs fragments disposés sous forme de Tableau. Elles offrent l'avantage de supprimer tout calcul pour l'interpolation qui se fait simplement à vue.

M. Pouech a également construit une Table graphique de

([1]) On raconte que la plupart de ces calculateurs du dernier ordre étaient des perruquiers que le changement alors survenu dans la mode de la coiffure avait mis sur le pavé.

([2]) *Tables de logarithmes à 27 décimales pour les calculs de précision,* Paris, Imprimerie impériale, 1867. Gardiner avait déjà donné, pour les calculs de précision, des Tables à 20 décimales. Des Tables analogues, à 12 décimales, fondées sur un autre principe, ont été publiées en 1877, à Bruxelles, par M. Namur, avec une intéressante Introduction théorique de M. P. Mansion.

([3]) *Tableau métrique de logarithmes,* par C. Dumesnil (Paris, Hachette, 1894).

logarithmes, mais en enroulant les échelles accolées suivant des cercles concentriques.

Les échelles logarithmiques.
Instruments à index (règles, cercles, hélices).

Les Tables dont il vient d'être question, si précieuses pour les calculs exigeant une assez grande précision, vont au delà des besoins des applications courantes pour lesquelles trois chiffres significatifs sont largement suffisants. Aussi, à peine Néper avait-il fait connaître sa merveilleuse invention, que l'on s'efforça de pousser encore plus loin la simplification en associant le principe des logarithmes à certain mode de représentation cotée propre à rendre immédiates les opérations fondées sur leur emploi.

L'idée mise en avant à cet effet est bien simple et, vu l'éducation mathématique de nos esprits, nous semble aujourd'hui toute naturelle. Mais, si l'on se reporte à l'époque qui l'a vue éclore, on ne peut s'empêcher d'admirer la profonde sagacité de celui à qui l'on doit en faire honneur, l'Anglais Edmond Gunter (1581-1626) qui la publia en 1624 ([1]).

Cette idée consiste à porter sur une ligne droite, à partir d'une même origine, des longueurs proportionnelles aux logarithmes des nombres, en ayant soin d'inscrire à côté du point marquant l'extrémité de chacun de ces segments le nombre dont ce segment représente le logarithme.

On marquera donc à l'origine même le nombre 1 (*fig.* 34),

([1]) Le principe de la *ligne de Gunter*, comme on disait alors, a été répandu en France pour la première fois par l'Ouvrage d'Henrion : *Logocanon ou règle proportionnelle* (Paris, 1626). Les œuvres de Gunter ont été réunies par W. Leybourne sous le titre : *The works of Ed. Gunter* (Londres, 1673). Scheffelt, en 1699, construisait à Ulm des règles de Gunter.

car le logarithme de 1 est nécessairement nul (¹), puis on portera sur l'axe, à partir de ce point 1, des segments dont

Fig. 34.

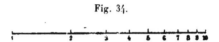

les longueurs, mesurées avec une unité arbitrairement choisie, s'expriment par les logarithmes de 2, 3, 4, etc., et, à côté du point terminal de chacun de ces segments, on inscrira respectivement les nombres 2, 3, 4, etc.

Dans l'intervalle, on portera de même les segments mesurés par les logarithmes de 1,1_1,2_..., 1,9_2,1_2,2_..., 2,9, ..., mais on pourra se dispenser d'écrire ces nombres à côté des points terminaux correspondants. Il suffira, en marquant chaque point terminal par un trait normal à l'axe, de donner aux traits correspondants à 1,5_2,5_3,5_..., une longueur dépassant légèrement celle des autres (ainsi que cela se pratique pour la graduation en millimètres des doubles décimètres dont se servent les dessinateurs) pour que celui qui aura à faire usage de la règle place mentalement, sans aucune hésitation, à côté de ces divers points, les nombres que l'on s'est dispensé d'y écrire.

Un axe ainsi gradué porte le nom d'*échelle logarithmique*. Il constitue et, comme on vient de le voir, dès le début du xviiᵉ siècle, le premier exemple connu de ces échelles de fonctions dont la notion a été généralisée et l'emploi étendu par la Nomographie dont il sera question plus loin.

Comment, avec une telle échelle, pourra-t-on suppléer aux opérations effectuées au moyen des Tables ? Rien n'est

(¹) En effet, puisque $A \times 1 = A$, on a $\log A + \log 1 = \log A$ et, par suite, $\log 1 = 0$.

plus simple et il suffit, pour le comprendre, d'avoir recours au cas de la multiplication de deux nombres.

Soit à effectuer la multiplication $A \times B$. Après avoir pris une ouverture de compas égale au segment compris entre le point coté 1 et le point coté B, on portera cette ouverture de compas sur l'axe à partir du point coté A. Le nombre lu en face de la seconde pointe du compas sera égal au produit $A \times B$ cherché. En effet, le segment compris entre le point 1 et la seconde pointe du compas se compose : 1° du segment compris entre le point 1 et le point coté A, égal, par construction, au logarithme de A; 2° de l'ouverture du compas, égale au segment compris entre le point 1 et le point coté B, c'est-à-dire au logarithme de B. Ce segment est donc égal à $\log A + \log B$, c'est-à-dire, d'après la définition même des logarithmes, au logarithme de $A \times B$. Donc, en vertu même de la construction de l'échelle, c'est la valeur de ce produit qui est inscrite à côté de l'extrémité de ce segment, marquée par la seconde pointe du compas.

Au lieu d'employer un compas pour cumuler les segments logarithmiques, on pourra accoler à la règle portant sur un de ses bords l'échelle logarithmique une autre règle munie de deux index, l'un fixe, l'autre mobile.

Après avoir placé le point 1 de l'échelle en face de l'index fixe, on amène l'index mobile en face du point B de l'échelle, puis on fait glisser l'échelle le long de la règle portant les index jusqu'à ce que son point A soit en face de l'index fixe. L'index mobile, dont, pendant ce glissement, la position n'a pas varié par rapport à l'index fixe, marque alors sur l'échelle le produit $A \times B$.

La figure 35 rend cette explication, en quelque sorte, tangible sur l'exemple 2×3.

Il faut remarquer que le bord par lequel les deux règles s'appliquent l'une sur l'autre peut être incurvé en forme de cercle ou tordu en forme d'hélice, ces deux courbes étant les seules partageant avec la ligne droite la propriété d'être applicables sur elles-mêmes dans toutes leurs parties.

Fig. 35.

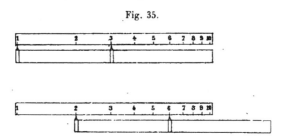

On obtient alors des dispositions matérielles différentes de la précédente et offrant l'avantage de se prêter à un plus grand développement numérique sous de plus faibles dimensions, mais la manière de procéder reste toujours la même.

Dans un cas, le cercle gradué et l'index mobile devront pouvoir tourner, indépendamment l'un de l'autre, autour du centre; dans l'autre, l'hélice graduée et l'index mobile devront être susceptibles d'un double mouvement de glissement et de rotation, le premier parallèle, le second normal aux génératrices du cylindre.

D'ailleurs, il suffit qu'il y ait possibilité de mouvement relatif des deux index et de la graduation les uns par rapport aux autres. On pourra prendre comme organe fixe l'un quelconque de ces trois éléments. Par exemple, dans le cas du cercle, la graduation circulaire pourra être rendue fixe, les deux index étant alors mobiles, mais reliés de telle sorte que le premier entraîne le second, sans que leur angle varie, tandis que le second puisse être déplacé arbitrairement par rapport au premier.

Les figures 36 et 37 fournissent l'image du mode de fonc-

tionnement dans les deux cas du cercle et de l'hélice, sur
l'exemple 2 × 3.

D'après M. Favaro, dont les importantes recherches histo-

Fig. 36 et 37.

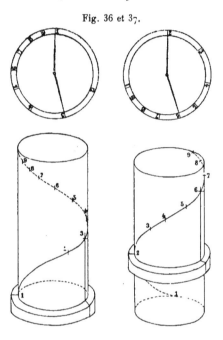

riques ont jeté une vive lumière sur la genèse des instruments logarithmiques, la première échelle circulaire aurait
été construite par Oughtred ([1]), en 1632, et la première
échelle hélicoïdale par Milburne ([2]), en 1650.

Ces dispositions se retrouvent dans plusieurs instruments
modernes. Le cadran arithmétique de Boucher ([3]) (*fig.* 38)

([1]) *Circle of proportion* (Londres, 1632; Oxford, 1660).

([2]) *History of logarithms*, de Hutton (en tête de ses *Mathematical
Tables,* 1811, p. 36). Une hélice à calcul a été présentée à l'Académie des
Sciences par M. Bouché (*C. R.,* 2ᵉ sem. 1857, p. 437).

([3]) *Nature,* 1878, p. 31. La figure 38 représente le modèle à échelle
simple. Il existe un autre modèle à échelles multiples.

a l'aspect d'une montre dont la graduation circulaire logarithmique peut être déplacée devant l'index fixe (position
de l'aiguille marquant midi) au moyen du remontoir, tandis

Fig. 38.

que l'index mobile constitué par l'aiguille de ce cadran est
manœuvrable au moyen du bouton voisin.

Un exemple de la seconde variante (cercle fixe à deux
index mobiles), qui se rencontrait déjà dans l'appareil
d'Ouglitred, se retrouve dans le cercle qu'a fait construire
récemment M. Pierre Weiss (¹). Une heureuse application
de l'échelle hélicoïdale se trouve réalisée dans le *Spiral
slide rule* du professeur Georges Fuller, de Belfast (²)
(1878) (*fig.* 39).

Dans cet appareil, le premier index est constitué par l'ex-

(¹) *C. R.*, 2ᵉ sem. 1900, p. 1289.
(²) *Spiral slide rule, equivalent to a straight slide rule* 83 *feet* 4 *inches
long, or a circular rule* 13 *feet* 3 *inches in diameter.* Londres, 1878.

trémité de la tige *b* solidaire de la poignée *e* du manchon *f*; l'index mobile, par l'extrémité *c* de la tige *n* solidaire du cylindre *g* qui pénètre à frottement doux dans le manchon *f*

Fig. 39.

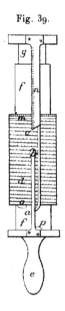

à l'intérieur duquel il peut tourner et glisser de façon à permettre d'amener l'index *c* en un point quelconque de l'échelle hélicoïdale. Enfin, le cylindre *d* portant cette échelle est lui-même enfilé à frottement doux sur le manchon *f*.

L'appareil, dont la longueur, poignée comprise, est de $0^m,42$, équivaut à une règle droite de $25^m,40$ et fournit des résultats approchés au $\frac{1}{10000}$.

Les échelles juxtaposées. — Règles à calcul.

Imaginons deux règles placées bord à bord et portant chacune, sur ce bord commun, une même échelle logarithmique. Si le point 1 de l'une d'elles se trouve en face du point A de l'autre, le point B de la première se trouve en face d'un point de la seconde dont la cote est égale au produit A × B (*fig.* 4o).

En effet, la distance de ce point C au point 1 de la même

Fig. 4o.

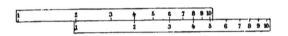

échelle se compose de la distance du point 1 au point A de cette échelle, et de la distance du point 1 au point B de l'autre échelle. Ces distances sont, par construction, égales respectivement à log A et à log B. La distance de 1 à C est donc égale à

$$\log A + \log B,$$

c'est-à-dire au logarithme de A × B, et, par suite, la cote C est égale à ce produit.

Remarquons que la disposition des divers nombres, correspondant aux traits mis en coïncidence d'une règle à l'autre, reproduit, en quelque sorte, celle de la proportion

$$\frac{A}{1} = \frac{C}{B}.$$

Si donc on a mis le trait 1 d'une des règles en face du trait A de l'autre, tous les nombres C et B qui se trouvent, l'un sur la première règle, l'autre sur la seconde, en face d'un même point de leur bord commun, satisfont tous à la proportion ci-dessus. C'est ainsi que la disposition de la figure 4o donne

$$\frac{2}{1} = \frac{4}{2} = \frac{6}{3} = \frac{8}{4} = \frac{10}{5}.$$

C'est pour cette raison que les premières règles ainsi disposées ont reçu le nom de *règles de proportion*. Elles servent, au fond, à poser des proportions. Lorsque l'un des termes de la proportion est pris égal à 1, celui qui lui correspond dans la multiplication en croix est égal au produit des deux autres.

Remarquons, en outre, que, pour pouvoir obtenir ainsi le produit de deux nombres pris dans les échelles juxtaposées, il faut que l'échelle supérieure soit prolongée. On voit, par exemple, sur la figure 40, que les produits par 2 des nombres de la règle inférieure qui sont plus grands que 5 tombent en dehors de l'échelle supérieure.

D'ailleurs, la propriété fondamentale des logarithmes donnant immédiatement

$$\log(10 \times A) - \log A = \log 10,$$

on voit que l'échelle logarithmique de 10 à 100 est *identique* à celle de 1 à 10 (de même pour celle de 100 à 1000, de 1000 à 10000, et ainsi de suite). Il suffit donc de répéter l'échelle de 1 à 10 de l'échelle supérieure, pour que, l'échelle inférieure glissant contre celle-ci, il y ait toujours possibilité de lire le résultat.

Cette disposition fut appliquée, pour la première fois, par Wingate (¹) l'année même (1624) où Gunter fit connaître son invention. Elle réalisait, par rapport à l'emploi du compas, une amélioration sensible sous le rapport de la précision.

Elle fut rendue plus pratique encore, en 1671, par Seth Partridge (²), qui imagina la règle à coulisse dont le type s'est maintenu dans les instruments dont nous nous servons aujourd'hui.

(¹) *Construction, description et usage de la règle de proportion* (Paris, 1624). — *Arithmétique logarithmique* (Paris, 1626).

(²) *The description and use of an instrument called the double scale of proportion* (Londres, 1671). Le constructeur de la règle de Partridge fut Haynes.

Avant d'aller plus loin, nous ferons observer qu'il eût été possible, moyennant une bien légère modification, d'obtenir le produit de deux nombres quelconques pris respectivement sur les deux échelles sans avoir besoin de doubler l'une d'elles pour faire face à tous les cas. Il eût suffi de *retourner* l'une de ces échelles, comme l'indique la figure 41.

Fig. 41.

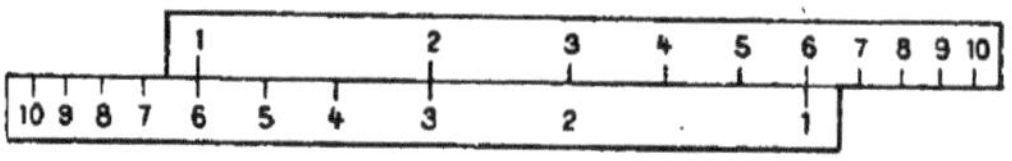

Cette façon de mettre les échelles en prise correspond à l'égalité écrite non plus sous forme de la proportion ci-dessus, mais sous celle-ci :

$$A \times B = C \times 1.$$

Les nombres A et B étant mis en coïncidence d'une règle à l'autre, leur produit est le nombre qui se trouve sur l'une en face du trait 1 de l'autre. Si ce trait 1 est en dehors de la partie commune aux bords des deux règles, le produit est donné (à un multiple de 10 près) par le nombre qui se trouve en face du trait 10 ([1]).

Seth Partridge, le premier inventeur de la règle à coulisse, eut de nombreux imitateurs : Sauveur ([2]) en France (vers 1700); Leadbetter ([3]), en Angleterre (1750); Lambert ([4]),

___

([1]) On trouve une telle échelle retournée dans la règle Beghin citée plus loin.

([2]) D'après Lalanne [*Instruction sur les règles à calcul* (1851), préface, p. VII], cet auteur fit construire des règles à coulisse par des artistes nommés Gevin et Le Bas.

([3]) Considéré à tort par certains auteurs comme le premier inventeur de la règle à coulisse (F. T., p. 72).

([4]) *Beschreibung und Gebrauch der logarithmischen Rechenstäbe* (Augsbourg, 1761 et 1772). La règle de Lambert de 4 pieds de long fournissait des résultats approchés au demi-millième. Mais c'est à tort aussi que Francœur regarde Lambert comme le premier inventeur des échelles juxtaposées (*S. E.*, 1821, p. 78).

en Allemagne (1761). Mais c'est, et de beaucoup, en Angleterre, que l'usage de ce précieux auxiliaire du calculateur se popularisa le plus rapidement (¹). Il y fut construit successivement par Mountain (1778), Makay (1802), les frères Jones (1814).

C'est une règle des frères Jones que l'ingénieur-géographe Jomard introduisit en France, en 1815. Des échelles de Gunter avaient bien été déjà utilisées chez nous, voire même des règles à échelles juxtaposées, comme celles de Sauveur, déjà citées, ou de Camus, dont il sera question plus loin. Mais l'usage de ces instruments de calcul ne s'était pas répandu et l'importation de Jomard fut accueillie en France comme une nouveauté (²).

A l'incitation de Jomard lui-même, la règle à coulisse devint, vers 1820, l'objet d'une fabrication courante dans les ateliers de Lenoir qui légua cette spécialité industrielle à ses successeurs, d'abord Gravet-Lenoir, puis Tavernier-Gravet. Ces constructeurs sont parvenus, grâce à des perfectionnements successifs, à donner aux règles à calcul une précision qui n'est surpassée nulle part. C'est de leurs ateliers que, depuis plus de trois quarts de siècle, sont sorties la plupart des règles françaises, de types d'ailleurs variés (³), parmi lesquelles nous nous bornerons à citer la règle Mannheim à échelles repliées et à curseur (1851), la règle Péraux à

(¹) Primitivement construites à Soho, les règles à calcul ont longtemps porté, en Angleterre, le nom de *Soho-scale* ou de *Soho-rule*. Elles y sont maintenant désignées sous le nom de *Sliding-rule* ou *Slide-rule*.

(²) Introduite en Autriche, vers 1840, par les professeurs Adam Burg et Schulz von Strassnicki, la règle à calcul pénétra quelques années plus tard en Italie, grâce au professeur Quintino Sella qui lui consacra une étude très détaillée traduite depuis lors en français par M. Montefiore Lévi (Liège, 1869).

(³) La règle en carton, à enveloppe de verre, de Lalanne, publiée en 1851 chez Hachette, constitue plutôt un modèle de démonstration à mettre entre les mains des élèves.

échelles fractionnées et à deux réglettes (1860) ([1]), la règle, munie de loupe, établie d'après les indications de M. l'Ingénieur en chef Lallemand pour la Commission du Cadastre

Fig. 42.

(1892), enfin la règle Beghin ([2]) (*fig.* 42) pourvue de dispositions ingénieuses qui permettent notamment d'effectuer par un seul déplacement de la réglette, dans tous les cas possibles, le produit de trois facteurs ou le quotient d'un nombre par le produit de deux autres ([3]).

([1]) D'après un renseignement fourni par la maison Tavernier-Gravet, les premiers essais de Péraux remontaient à une vingtaine d'années déjà lorsque sa règle fut livrée au public.

Une autre règle à deux réglettes a été proposée récemment (1900) par M. Herrgott qui, comme M. Péraux, a consacré à son modèle une Notice spéciale.

([2]) M. Beghin a donné la description détaillée et indiqué les nombreux usages de sa règle dans une brochure spéciale dont trois éditions se sont rapidement succédé (1899, 1902, 1904). Non content d'ailleurs de développer d'une façon très complète la théorie de cette règle, il en fait connaître une longue suite d'applications à des problèmes variés empruntés à l'Arithmétique, à la Géométrie, à l'Algèbre, à la Trigonométrie, à la Mécanique appliquée, à la Physique et à la Chimie industrielles, voire même à l'Industrie textile. Il convient d'ajouter que, sans que M. Beghin en ait eu connaissance, une règle analogue à la sienne avait été, dès 1882, proposée par M. Tchérépachinsky, professeur à Moscou; mais cette règle, construite par Tavernier-Gravet à un seul exemplaire, était restée ignorée du public.

([3]) M. Favaro, continuant une liste dressée en 1856 par Sedlaczek, fait connaître une énumération de types divers de règles à calcul (F. T., p. 110 et 111).

Indépendamment des Notices spéciales rédigées par divers inventeurs, et notamment par MM. Péraux et Beghin, à propos des modèles qu'ils ont imaginés, la règle à calcul a fait l'objet d'un très grand nombre d'instructions parmi lesquelles, pour nous en tenir à la langue française et sans prétendre épuiser la liste, nous citerons celles qui sont dues aux auteurs suivants : Collardeau (1820); Ph. Mouzin (3e éd., 1837); J.-F. Artur (1827; 2e éd. 1845); Aug. Hadéry (1845); L. Lalanne (1851); F. Guy (3e éd., 1855); P.-M.-N. Benoit (1853); un professeur de mathématiques élémentaires (le

Les règles à calcul peuvent d'ailleurs être munies d'échelles supplémentaires intéressant plus particulièrement telle ou telle application ([1]).

La plupart de celles qui sont entrées dans la pratique courante possèdent (en général, au revers de la réglette) des échelles trigonométriques (sinus et tangente), fort utiles, notamment, pour les calculs relatifs aux levers topographiques.

D'autres ont reçu des échelles logarithmo-logarithmiques (logarithmes des logarithmes) en vue d'opérer des élévations à des puissances ou des extractions de racines d'indice quelconque. On peut, à cet égard, citer les règles de Roget ([2]) (1815), de Burdon ([3]) (1864), de Blanc ([4]), de Schweth ([5]) (1901).

Le professeur Fürle a construit une règle ([6]) qui, grâce à l'adjonction à l'échelle ordinaire d'échelles ayant des modules doubles, triples, et d'une échelle logarithmo-logarithmique, permet de résoudre des équations des 4e et 5e degrés, des équations trinomes quelconques et même certaines équations transcendantes.

Fr. René) (1865); Montefiore Lévi (traduit de l'italien d'après Quintino Sella, 1869); Labosne (1872); Claudel (1875); Gros de Perrodil (1885); Leclair (1902); Jully (1903); Dreyssé (1903).

J.-F. Artur a, en outre, imaginé, pour accroître la précision des lectures faites sur les règles logarithmiques, un vernier spécial qui est d'ailleurs resté à l'état de simple curiosité théorique (*S. E.*, 1851, p. 675).

([1]) Bour a fait voir que l'existence sur un bord de la règle d'une échelle logarithmique double de celle de l'autre bord (c'est-à-dire sur laquelle les intervalles entre les traits sont doublés) se prêtait aisément, par retournement bout pour bout de la réglette, à la résolution des équations du troisième degré ramenées à la forme trinome.

([2]) *Lond. Trans.*, 1815, p. 9 (M., p. 1064).

([3]) *C. R.*, 1ᵉʳ sem. 1864, p. 573.

([4]) V. B., p. 225. — W. D., p. 145.

([5]) *Zeitschr. Ver. deutscher Ing.*, 1901, p. 567, 720 (M., p. 1064, Note 580).

([6]) *Zur Theorie der Rechenschieber* (*Wissenschaftliche Beilage zum Jahresbericht der Neunten Realschule zu Berlin*); 1899.

En vue d'effectuer diverses opérations transcendantes, la règle à calcul a été parfois pourvue de certains dispositifs propres à établir des rapports déterminés entre les glissements des échelles juxtaposées. Il paraît que Newton (¹), le premier, aurait eu l'idée d'un tel dispositif permettant la résolution d'équations algébriques. On peut citer, dans le même ordre d'idées, la règle de M. F.-W. Lanchester (²) à curseur radial et celle de M. Baines (³) à parallélogramme articulé.

Des règles ont été aussi construites uniquement avec des graduations spéciales en vue de telle ou telle application. Il est très remarquable qu'un premier exemple d'une telle règle puisse être cité en France à une époque où l'usage de la règle ordinaire n'avait pas encore pénétré dans le public : il s'agit de la jauge proposée en 1741 par Camus (⁴) pour déterminer, au moyen de deux mesures linéaires, la capacité des futailles.

(¹) D'après une lettre d'Oldenburg à Leibniz, en date du 24 juin 1675, reproduite dans les *Opera omnia* de Newton (t. IV, Londres, 1782, p. 520) et dans les *Mathematische Schriften* de Leibniz (1ʳᵉ partie, fasc. I, Berlin, 1849, p. 78). Chose remarquable, la solution de Newton présente une analogie frappante avec une de celles qui sont dues à M. Torres (*T. N.*, p. 366).

(²) *Engineering*, 7 août 1896, p. 172.

(³) *Engineer*, 1ᵉʳ avril 1904, p. 346.

(⁴) Nous citerons encore, comme règles à graduations spéciales construites chez Tavernier-Gravet, celles de Moinot (1868), Goulier (1873), Sanguet (1888), Bosramier (1892), pour les levers tachéométriques; de Montrichard (1876), pour le cubage des bois; Lebrun (1886) pour les calculs de terrassements; Gallice (1897), pour les calculs nautiques (en employant la division de la circonférence en 240 degrés proposée par M. de Sarrauton); Leven (1903), pour les reports de bourse; Mougnié (1904), pour le calcul des conduites d'eau, d'après la formule de Flamant. La Société des Forges et Aciéries de Saint-Chamond a aussi fait faire en 1895 une règle spéciale pour les vitesses, poids et calibres des projectiles.

D'autres règles pour les calculs de terrassements ont été construites, notamment par MM. Toulon (DURAND-CLAYE, *Cours de Routes*, 2ᵉ éd., p. 561) et Paulin (*Portefeuille des Conducteurs des Ponts et Chaussées*, t. XXI, 1889, p. 133).

Pour les calculs d'Hydraulique, la maison W.-F. Stanley, de Londres,

Les règles logarithmiques se rencontrent enfin, combinées avec d'autres organes, dans différents appareils
comme l'*Arithmoplanimètre* de Lalanne ([1]) qui, destiné
principalement à la mesure des aires planes, peut aussi,
comme l'a remarqué l'auteur lui-même, servir d'instrument
de calcul.

Grilles, cylindres, cercles, tambours à calcul.

En vue d'avoir, sous des dimensions commodes, l'équivalent d'une règle d'une grande longueur, on peut fractionner
la règle et la réglette en un même nombre de parties égales
et placer les segments ainsi obtenus les uns au-dessous des
autres en faisant alterner ceux de la règle (tous solidaires
entre eux) avec ceux de la réglette (de leur côté aussi solidaires entre eux).

Cet accolement des fragments de la règle et de la réglette
peut d'ailleurs se faire soit sur un plan, ce qui donne ce
qu'on peut appeler une *grille à calcul,* soit sur la périphérie
d'un cylindre, le long d'un certain nombre de ses génératrices régulièrement espacées, ce qui donne les *cylindres à
calcul.*

Comme exemples de grilles à calcul, on peut citer l'*Uni-*

---

construit l'*Hydraulic calculating rule* de Honeysett, fondé sur la formule de
Bazin, et l'*Hydraulic calculator* d'Anthony, fondé sur la formule de Manning.

En dotant la règle de plusieurs tiroirs, en y imprimant des échelles, non
pas simples, mais *binaires* (*voir* plus loin), un ingénieur hollandais, M. F.-J.
Vaes, a pu appliquer la règle à calcul à des formules portant sur un plus
grand nombre de variables. A ce point de vue, la règle très remarquable qu'il
a imaginée pour la traction des locomotives (*T. N.*, p. 361) mérite une mention toute spéciale.

Tout récemment (juillet 1904), M. Würth-Micha, ingénieur à Liège, vient de
faire connaître une règle très pratique pour le calcul des distributions de vapeur.

Enfin, nous citerons l'ingénieux ruban logarithmique de M. J. Crevat (*Nature*, 1893, p. 378) qui permet d'obtenir, au moyen d'une triple mensuration
le poids du bétail sur pied.

([1]) *Annales des Ponts et Chaussées,* 2° sem. 1840, p. 3.

versal proportion table du professeur Everett ([1]) et les tables analogues de MM. Derivry (*Carte à calcul*), Kloth ([2]) (sur verre), Scherer ([3]) et Prœll ([4]).

Comme exemples de cylindres, celui de MM. Mannheim ([5]), .premier inventeur, en 1851, de cette disposition spéciale, le *Cylindrical slide rule* de M. Thacker ([6]) et le *Rouleau calculateur* de M. J. Billeter ([7]).

La forme circulaire, déjà mentionnée plus haut pour l'emploi d'une échelle logarithmique à deux index, se prête également bien à la juxtaposition de deux échelles glissant l'une contre l'autre. Une telle solution proposée, dès 1696, par J.-M. Biler ([8]), sous le nom d'*Instrumentum mathematicum universale,* a aussi l'avantage de fournir sous des dimensions restreintes l'équivalent d'une règle d'un assez grand développement. Elle a donné naissance à une nombreuse lignée de *cercles à calcul* qui, dans un temps où la règle à calcul n'était pas encore devenue chez nous un objet de pratique courante, comptait déjà en France quelques représentants comme les cercles de Clairaut ([9]) (1727), de Leblond ([10]) (1795) et de Gattey ([11]) (1798).

([1]) F. T., p. 95.

([2]) *P. J.*, t. CCLX, 1886, p. 170.

([3]) *Logarithmisch-graphische Rechentafel;* Cassel, 1893 (W. D., p. 140; M., p. 1059).

([4]) *Zeitschr. Math. Phys.*, 1901, p. 218 (M., p. 1059).

([5]) Le cylindre primitif de M. Mannheim existe au Conservatoire des Arts et Métiers. Sous une longueur de 0^m,135 il équivaut à une règle de 2^m.

([6]) W. D., p. 141. Une description a paru dans le *Zeitschr. für Vermessungswesen*, t. XX, 1891, p. 438 (M., p. 1069, Note 562).

([7]) *Zeitschr. f. Vermess.*, t. XX, 1891, p. 346 (M., p. 1059, Note 558).

([8]) LEUPOLD, *Schauplatz der Rechen und Mess-Kunst*, Leipzig, 1727, p. 77 (F. T., p. 72).

([9]) *Hist. de l'Acad. des Sciences*, 1729, p. 142, et *Machines de l'Ac. des Sc.*, t. V, p. 3.

([10]) *Cadrans logarithmiques appliqués aux poids et mesures;* Paris, 1799.

([11]) *Instruction sur l'usage du cadran logarithmique;* Paris, 1799. Ces deux derniers cadrans reproduisaient, à peu de chose près, la *roue arithmétique* de Glover (F. T., p. 73).

Dans la période contemporaine, nous citerons à l'étranger les cercles de Sonne ([1]) (muni d'un compteur de tours pour l'échelle mobile), **F. M. Clouth** ([2]), **John Fuller** ([3]), **W. Hart** ([4]) (à index et microscope), **Steinhauser** ([5]) (à échelles enroulées en spirales), **F. A. Meyer** ([6]) (à compteur comme celui de Sonne), **Puller** ([6]) (à curseur de verre et loupe); en France, ceux de **Renaud-Tachet** ([7]), de **Pouech** ([8]) et de **Charpentier** ([9]) présentant tels ou tels avantages particuliers indiqués dans les notices spéciales.

Ces divers cercles sont d'ailleurs, pour la plupart, munis, comme les règles, d'échelles spéciales ([10]) (carrés, cubes, lignes trigonométriques, etc.).

Les deux échelles circulaires juxtaposées au lieu d'être marquées à plat sur un disque peuvent être enroulées sur la

---

([1]) *Hannover Archit. Ingen. Ver. Zeitschr.*, t. X, 1864, p. 452. — W. D., p. 142. — M., p. 1062.

([2]) Construit à Hambourg en 1872. — W. D., *Suppl.*, p. 3.

([3]) Cercle dit *Computing telegraph*, construit d'abord à New-York (F. T., p. 97).

([4]) Cercle dit *proportior*. — *Techniker*, t. XII, 1889-1890, p. 34 (M., p. 1063, Note 573).

([5]) Construit à Munich en 1893. — W. D., *Suppl.*, p. 3. — M., p. 1063, Note 573.

([6]) Cercle dit *Taschenschnellrechner*. — *Mechaniker*, t. V, 1897 (M., p. 1063, Note 573).

([7]) *Génie civil*, 21 janvier 1893, p. 191.

([8]) Ce cercle, antérieur à 1890, fait l'objet d'une Notice spéciale. Il comporte des échelles enroulées en spirales pour les racines carrées et cubiques.

([9]) Ce cercle, dont une première variante avait été livrée au public sous le nom de *calculimètre*, est entièrement métallique et d'une construction particulièrement soignée.

([10]) En reliant mécaniquement, par un ingénieux dispositif, plusieurs cercles logarithmiques, M. Malassis, que nous avons déjà eu occasion de citer plusieurs fois, a combiné un appareil donnant immédiatement le poids par mètre courant d'une pièce de drap en fonction de son poids total, de sa longueur et de sa largeur, calcul qui se répète journellement un grand nombre de fois dans les fabriques de drap. L'inventeur a même adapté son appareil à la balance même servant à peser la pièce de façon qu'elle donne directement le poids par mètre courant en même temps que le poids total.

périphérie de deux tambours contigus de même axe. Le premier exemple d'un tel *tambour à calcul* est fourni par la boîte de Hoyau ([1]) dont le corps et le couvercle portaient sur leur périphérie cylindrique des échelles logarithmiques juxtaposées. D'autres tambours ont été proposés par R. Weber ([2]) (1872) et Beyerlen ([3]).

On peut enfin rattacher à cette dernière catégorie d'instruments de calcul le *ruban calculateur* du marquis de Viaris ([4]), qui, en vue des opérations où l'on se contente d'une approximation assez grossière, constitue une solution fort économique.

La disposition réalisée par ce ruban est celle de l'échelle retournée dont il a été question plus haut (p. 114 et *fig.* 41). Les deux échelles à juxtaposer sont imprimées respectivement aux deux bouts d'un ruban (*fig.* 43) pareil à ceux dont

Fig. 43.

les tailleurs se servent pour prendre leurs mesures. L'une des échelles est munie, au point précis où se trouve le trait coté 10, d'une sorte de crochet métallique dans lequel on fait passer la seconde extrémité pour la placer bord à bord avec la première, et dont la pointe recourbée marque sur cette seconde échelle le point dont la cote *c* fait connaître le pro-

---

([1]) *S. E.,* 1816, p. 150. L'inventeur avait, paraît-il, fait faire des tabatières cylindriques dont la périphérie formait ainsi un tambour à calcul.

([2]) *Anleitung zum Gebrauche des Rechenkreises,* Leipzig, 1875. — W. D., p. 142 et *Suppl.,* p. 2.

([3]) W. D., p. 143. — V. B., p. 230.

([4]) Ancien officier de Marine, sorti en 1868 de l'École Polytechnique, mort en 1901; connu pour de remarquables travaux sur la *Cryptographie.*

duit des deux nombres a et b correspondant aux deux traits qu'on a amenés en coïncidence d'une échelle à l'autre.

La machine Torrès à résoudre les équations.

La machine Torrès, dont il a déjà été dit un mot plus haut, se rattache aux instruments précédents parce qu'elle est fondée sur une combinaison d'échelles logarithmiques portées par des tambours.

Rappelons d'abord la propriété de l'échelle logarithmique de se reproduire identiquement dans chaque intervalle compris entre deux puissances de 10 consécutives. Supposons dès lors un tel intervalle, par exemple celui de 10 à 100, enroulé sur la périphérie d'un tambour V, dont il occupe exactement la circonférence. Imaginons, en outre, que ce tambour V soit relié à un second tambour V′ de même axe, divisé en 30 parties égales numérotées 1, 2, 3, ..., 15 d'une part, — 1, — 2, — 3, ..., — 15 de l'autre, la liaison de ces deux tambours étant telle que, lorsque V fait un tour complet dans un sens ou dans l'autre, V′ avance d'une division vers le sens positif ou négatif de sa graduation.

Fig. 44.

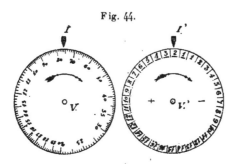

Puisque chaque tour de tambour V, dans le sens inverse de sa graduation, correspond à une multiplication par 10, c'est-à-dire à un avancement de la virgule d'un rang vers la droite, on voit, en partant de l'origine, que, suivant que l'indice du tambour V' marquera la division p, ou la graduation $-p$, la virgule devra être placée à p rangs à droite, ou à gauche, du premier chiffre en commençant par la gauche du nombre lu sur le tambour V. L'ensemble de ces deux tambours, dit, par M. Torrès, un *arithmophore logarithmique*, permet donc de marquer tous les nombres depuis 10^{-16} jusqu'à 10^{16}, ce qui, au point de vue pratique, représente un champ de variation pour ainsi dire indéfini ([1]).

Les sections des tambours V et V' étant représentées l'une à côté de l'autre sur la figure 44, et portant à plat les graduations de ces tambours, on voit que la disposition indiquée par cette figure correspond au nombre 75,8, attendu que l'index I marque, sur V, 75,8, et l'indice I', sur V', $+2$.

Cela dit, pour que le lecteur ait une idée nette de ce que M. Torrès appelle un *arithmophore logarithmique,* nous nous bornerons à indiquer le mode de fonctionnement de la machine sous la forme résumée que voici ([2]) :

Un premier arithmophore sur lequel se lit la variable x est lié mécaniquement *à la fois* à d'autres arithmophores sur lesquels s'inscrivent les valeurs des coefficients A_0, A_1,

---

([1]) Si l'on veut avoir la représentation des nombres avec un plus grand nombre de chiffres significatifs, on peut faire correspondre à l'intervalle de 10 à 100, non pas un seul, mais plusieurs tours, n par exemple, du tambour V. La graduation de ce tambour pourra, dans ce cas, être disposée, soit sur une hélice, soit sur une série de cercles parallèles et le tambour V' n'avancera plus d'une division que tous les n tours du tambour V. Un dispositif approprié fera d'ailleurs marquer par l'index du tambour V à quelle spire ou à quel cercle on en est.

([2]) C'est, à la vérité, la disposition des organes propres à assurer ce fonctionnement qui constitue la plus belle part de l'invention de M. Torrès, celle qui mérite de retenir surtout l'attention des spécialistes. On en trouvera le schéma mathématique dans une Note que nous avons consacrée à cette curieuse machine (*Génie civil,* t. XXVIII, 1896, p. 179) et une description plus complète dans le Mémoire même de M. Torrès cité plus haut (*Revue de Mécanique,* septembre-octobre 1901).

A_2, ..., A_m de l'équation

$$A_m x^m + A_{m-1} x^{m-1} + \ldots + A_1 x + A_0 = 0.$$

Parmi ces coefficients, les uns, A_p, $A_{p'}$, $A_{p''}$, ..., sont posi-tifs, les autres A_n, $A_{n'}$, $A_{n''}$, ... négatifs.

Grâce à une liaison mécanique convenable, la valeur du polynome

$$P = A_p x^p + A_{p'} x^{p'} + A_{p''} x^{p''} + \ldots$$

est marquée sur un arithmophore spécial, celle du poly-nome

$$N = A_n x^n + A_{n'} x^{n'} + A_{n''} x^{n''} + \ldots$$

sur un autre.

Lorsqu'on fait tourner l'arithmophore de la variable x, ceux des coefficients restant fixes, on lit à chaque instant deux valeurs correspondantes pour les polynomes P et N,

Fig. 45.

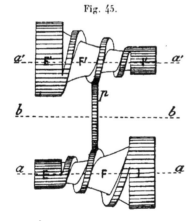

et, lorsqu'on atteint une valeur de x pour laquelle ces deux polynomes ont la même valeur, cette valeur de x est une racine positive de l'équation considérée.

L'organe mécanique essentiel, permettant de reporter sur

un arithmophore les valeurs d'un polynome en x dont les différents termes correspondent à autant d'arithmophores distincts, est ce que M. Torrès a appelé une *fusée sans fin* (*fig.* 45); on voit une telle fusée au premier plan de la figure 46; elle réalise, en quelque sorte, matériellement le principe des *logarithmes d'addition* de Gauss.

Le modèle représenté sur la figure 46, le premier que

Fig 46.

M. Torrès ait construit (1893), se prête à la résolution des équations de la forme

$$x^9 + A x^8 = B,$$

ou

$$x^9 + A x^7 = B.$$

D'ailleurs, lorsqu'il s'agit d'équations trinomes, mises sous la forme

$$A x^m = B x^n + 1,$$

la fusée sans fin peut être supprimée (parce qu'il n'y a plus, en ce cas, addition de monomes déterminés par leurs logarithmes). En outre, suivant les valeurs de m et n, on n'aura qu'à changer les trains exponentiels correspondant aux arithmophores de $A x^m$ et de $B x^n$.

M. Torrès a fait ainsi construire, par la maison Chateau, de Paris, le modèle représenté par la figure 47 qui, moyennant l'adjonction de trains exponentiels amovibles (contenus dans des boîtes représentées à côté de la machine), permet de résoudre les équations trinomes de la forme

Fig. 47.

ci-dessus. Les trains exponentiels construits en même temps que la machine correspondent aux six premiers degrés.

Lorsque la différence des lectures faites sur les arithmophores des deux termes variables est égale à 1, la lecture
faite sur l'arithmophore le plus voisin de la manivelle (qui
est celui de x) donne la valeur de la racine cherchée.

Tel qu'il est construit, ce modèle assure l'approximation
du $\frac{1}{1000}$.

IV. — LES TABLES NUMÉRIQUES OU BARÈMES.

Les procédés mécaniques que nous avons passés en revue jusqu'ici ont, en somme, pour but de substituer, au moins pour la plus grande part, le travail de la main tournant une manivelle ou poussant une réglette à celui du cerveau lorsqu'il s'agit d'effectuer un certain calcul dérivant soit d'une opération arithmétique, soit d'une suite de telles opérations.

L'effort intellectuel de même que le temps à dépenser dans chaque cas se trouvent sensiblement réduits; mais cette dépense doit cependant se renouveler à chaque opération, et l'on est amené à se demander si, dans certaines circonstances, on ne saurait pousser encore plus loin le soulagement apporté au calculateur.

La réponse à cette question résulte, pour ainsi dire, de la force même des choses.

Imaginons un calculateur ayant à effectuer tous les jours des opérations dérivant de l'application d'une même formule avec des valeurs diverses pour les données. Pour peu qu'il ait souci d'économiser sa peine et son temps, il aura tout naturellement l'idée d'inscrire quelque part les résultats qu'il aura déjà calculés pour s'en resservir au besoin, soit qu'il retombe sur les mêmes données, soit qu'il ait affaire à de nouvelles données comprises entre celles qui se sont déjà présentées à lui, et assez voisines de celles-ci, pour qu'il soit facile d'obtenir le résultat cherché au moyen d'un simple terme correctif appliqué au résultat le plus voisin. Seulement, pour que les cas déjà résolus puissent être ainsi utilisés par la suite, il est évidemment nécessaire qu'ils soient catalogués avec ordre.

D'O.   9

De là à l'idée des Tables numériques, il n'y a qu'un pas. On est, en effet, tout naturellement amené à se dire que le mieux serait d'obtenir, une fois pour toutes, les résultats fournis par la formule considérée pour tous les états des données compris entre les limites d'où, pratiquement, celles-ci ne s'écartent pas, en les faisant croître *dans un ordre régulier,* et par échelons assez rapprochés, pour que, au degré d'approximation exigé, eu égard, au besoin, à l'emploi de termes correctifs, le Tableau englobe toutes les valeurs possibles des données.

L'évaluation d'un résultat compris entre deux autres effectivement calculés d'une Table numérique porte le nom d'*interpolation.* Dans bien des cas, cette interpolation se fait à la simple estime. Lorsqu'on a besoin d'une plus grande précision, on peut l'effectuer en évaluant le terme correctif à ajouter au résultat le plus voisin, au moyen d'un calcul de proportion bien facile et qui peut d'ailleurs se traduire lui-même par une petite Table numérique jointe à la première. Les personnes qui ont l'habitude de se servir de Tables de logarithmes sont familiarisées avec l'emploi de ces petites Tables d'interpolation.

Nous avons indiqué déjà (p. 78) les importantes simplifications que le *Calcul des différences,* secondé au besoin par l'emploi des machines, permettait d'apporter à la construction des Tables numériques.

Lorsque le résultat à obtenir dépend d'une seule donnée, comme dans le cas d'une Table de carrés, on inscrit la suite des valeurs de la donnée, dite l'*argument,* dans une première colonne, et les résultats correspondants (valeurs de la fonction), en face de ces valeurs successives, dans la seconde colonne. On obtient ainsi une *Table à simple entrée* ou *barème simple,* du nom du calculateur français Barrême (1640-1703) qui, le premier, eut l'idée d'appliquer des Tables de ce genre aux calculs usuels dans son *Livre des Comptes faits* (1670), resté si justement populaire (¹).

S'il y a deux données, on les dispose, par valeurs régulièrement croissantes, l'une sur le bord supérieur, l'autre sur un bord latéral d'un Tableau sur lequel on inscrit les résultats, chacun de ceux-ci étant placé à l'entrecroisement de la ligne et de la colonne correspondant aux valeurs qui ont été attribuées aux données pour son calcul. On a ainsi une *Table à double entrée* ou *barème double*.

La construction de pareilles Tables comporte des simplifications analogues à celles qui ont été signalées pour les barèmes simples. Il est inutile d'y insister davantage. Il est, au surplus, un exemple de ce genre qui est bien familier à tout le monde ; c'est la *Table de Pythagore*.

Vu l'importance des Tables numériques, pour toutes les applications des Sciences mathématiques, l'*Association britannique pour l'avancement des Sciences* a nommé, en 1872, un *Committee on Mathematical Tables* (²), chargé de former un Catalogue aussi complet que possible des Tables qui existent et de réimprimer ou construire les Tables qui seraient jugées nécessaires. Un premier rapport, très étendu, a été présenté à l'Association en 1873 ; d'autres ont suivi en 1878 et 1883.

Nous ne saurions entrer ici dans aucun détail à ce sujet, renvoyant, pour les Tables de logarithmes, au court historique donné plus haut. Mais nous devons dire quelques mots de certaines dispositions spéciales ayant pour but de réduire l'étendue de Tables auxquelles les besoins de la pratique conduiraient à donner un développement considé-

---

(¹) Depuis cette époque, des Tables du même genre ont été dressées en tel nombre pour les besoins du commerce et de la finance qu'il ne saurait être question d'en donner ici une énumération même très incomplète.

(²) Composé de MM. Cayley, Stokes, W. Thomson, Smith et Glaisher.

rable, et qui les transforment en des sortes d'appareils à calcul.

Nous pouvons citer deux tels appareils figurant dans la collection du Conservatoire des Arts et Métiers, et qui sont dus respectivement à MM. Didelin et Chambon.

L'appareil de M. Didelin permet d'obtenir l'intérêt pendant un jour d'un capital quelconque au plus égal à 100 000^{fr} et placé à un des taux usuels variant, de quart en quart, de $\frac{1}{4}$ à 7 pour 100, ainsi qu'à 8 ou à 9 pour 100.

Si le Tableau des résultats calculés affectait la forme d'un barème ordinaire, celui-ci, disposé sur trente colonnes correspondant aux divers taux, devrait comprendre 100 000 lignes.

Mais un capital quelconque peut être décomposé en centaines de mille, dizaines de mille, ..., dizaines et unités. Si l'on peut avoir séparément les intérêts afférents à ces diverses parties, il suffira d'en faire la somme pour obtenir l'intérêt cherché.

On voit donc qu'on peut réduire le Tableau aux 45 lignes correspondant à

1,	2,	3,	...,	9,
10,	20,	30,	...,	90,
...,	...,	...,	...,	...,
10 000,	20 000,	30 000,	...,	90 000,

plus une ligne correspondant à 100 000.

Appliquons les neuf premières lignes sur la surface d'un rouleau, les neuf suivantes sur celle d'un second rouleau que nous placerons à côté du premier, et ainsi de suite jusqu'à un cinquième rouleau qui portera les neuf lignes correspondant aux dizaines de mille, plus la ligne correspondant à 100 000.

Recouvrons l'ensemble de ces rouleaux d'un écran percé

de fenêtres longitudinales, permettant d'apercevoir la génératrice supérieure de chaque rouleau, et munissons chacun d'eux à ses extrémités de boutons au moyen desquels on puisse le faire tourner sur lui-même.

Si nous voulons avoir l'intérêt à 5 pour 100 d'un certain capital, 87 285^{fr}, par exemple, nous n'aurons qu'à faire tourner le premier cylindre de façon à amener sous la fenêtre correspondante la ligne relative à 5. De même, faisons apparaître la ligne 80 du second cylindre, la ligne 200 du troisième, la ligne 7000 du quatrième, la ligne 80 000 du cinquième. Nous aurons donc, dans la colonne du taux 5 pour 100, les intérêts des capitaux 5^{fr}, 80^{fr}, 200^{fr}, 7000^{fr}, 80 000^{fr}. Il suffira d'en faire la somme pour avoir l'intérêt cherché.

Cette somme pourra, d'ailleurs, si on le préfère, être effectuée au moyen d'un additionneur mécanique comme ceux qui ont été décrits précédemment.

Afin de prévenir toute erreur provenant d'une confusion entre les diverses colonnes, M. Didelin a eu soin de munir chacune d'elles d'une coulisse qui, par un léger mouvement de glissement, permet de fermer ou d'ouvrir les fenêtres où se lisent les résultats. Toutes ces coulisses étant placées normalement dans la situation de la fermeture, on ne découvre, au moment de se servir de l'appareil, que la colonne correspondant au taux auquel on a affaire ([1]).

Cette disposition d'une Table numérique sous forme de rouleaux juxtaposés présente encore l'avantage de pouvoir être étendue à certaines Tables à trois entrées.

On conçoit immédiatement en effet que si, par un dispositif quelconque, on fait varier les inscriptions portées par chaque rouleau suivant les valeurs d'une troisième entrée

---

([1]) On remarquera l'analogie d'une telle disposition avec celle des rouleaux népériens de Schott, cités plus haut (p. 12).

inscrite elle-même à côté du Tableau des résultats, on aura constitué un *barème triple*.

Telle est l'idée que M. Chambon a très ingénieusement réalisée dans son *Calculateur d'intérêts*. Cet appareil donne l'intérêt, pour un nombre de jours compris entre 1 et 365, d'un capital au plus égal à 99 999^{fr} placé à un taux de 3, 3$\frac{1}{2}$, 4, 4$\frac{1}{2}$, 5, 5$\frac{1}{4}$ et 6 pour 100. A la première entrée, qui est le nombre de jours, correspondent les colonnes verticales du Tableau. Les divers rouleaux sont affectés, comme dans le précédent appareil, respectivement aux unités, dizaines, ... et dizaines de mille. Sur chacun de ces rouleaux sont répétées les neuf lignes correspondant à la deuxième entrée, le capital, autant de fois que l'on considère de valeurs différentes de la troisième entrée, le taux, soit sept fois. Chacune de ces lignes comprend les résultats calculés pour les valeurs du capital et du taux inscrites à l'origine de la ligne.

Comme l'inscription de ces sept systèmes de neuf lignes sur la surface d'un même rouleau conduirait à donner à celui-ci un diamètre qui le rendrait encombrant, M. Chambon, au lieu de faire ces inscriptions sur la surface même du rouleau, a eu l'heureuse idée de les imprimer sur une toile sans fin serrée sur cette surface et que le rouleau entraîne dans son mouvement de rotation.

Si l'on revient à l'exemple précédent, on amènera sous chacune des fenêtres de l'appareil les lignes des divers rouleaux, relatives aux capitaux 5^{fr}, 80^{fr}, 200^{fr}, 7000^{fr} et 80 000^{fr} *et portant en outre la mention du taux 5 pour* 100. Les intérêts de ces fractions de capital à ce taux pour un certain nombre de jours apparaîtront alors dans la colonne correspondant à ce nombre de jours. Il suffira, comme précédemment, d'en effectuer la somme.

Quelque ingénieux que soit ce système, fort bien approprié à l'application particulière en vue de laquelle il a été conçu, il ne saurait se prêter à un développement très considérable du nombre des valeurs distinctes admises pour la troisième entrée. Aussi son emploi ne saurait-il être qu'assez restreint.

Les barèmes à triple entrée ne sont donc, en réalité, susceptibles de prendre aucune notable extension. Quant à en constituer à plus de trois entrées, il n'y a pas, pratiquement, à y songer. Doit-on, dès lors, se résigner à ne jouir du très grand bénéfice qu'offrent les Tables de calculs tout faits que lorsque ceux-ci ne comportent que deux données ? Il n'en est fort heureusement pas ainsi grâce à un mode spécial d'intervention de la méthode graphique qui se montre là d'un puissant et fécond secours, ainsi qu'on le verra plus loin (*Calcul nomographique*).

V. — LES TRACÉS GRAPHIQUES. CALCUL PAR LE TRAIT.

C'est, au point de vue de la simplification des calculs approchés, la méthode graphique qui est la plus fertile en ressources. Elle y intervient d'ailleurs sous deux formes essentiellement distinctes qu'il convient de ne pas confondre (¹) : celle du *Calcul graphique* proprement dit, ou *Calcul par le trait*, dont nous allons maintenant nous occuper, et celle du *Calcul nomographique*, dont il sera question plus loin.

Le Calcul graphique proprement dit peut être défini, en son essence, par l'énoncé que voici :

Ayant représenté les divers nombres intervenant dans le calcul par certains éléments géométriques aisément mesurables dont ils constituent précisément les valeurs (avec une unité convenue), on peut effectuer sur ces éléments une construction géométrique aboutissant à un élément de même espèce dont la grandeur, mesurée avec la même unité, fasse connaître le résultat de calcul demandé.

Ces éléments géométriques seront d'ailleurs presque toujours des segments de droite.

L'exemple le plus simple qu'on puisse invoquer pour éclairer cet énoncé est celui de l'addition. Si l'on porte bout à bout un certain nombre de segments de droite, la longueur du segment compris entre l'origine du premier

---

(¹) Nous avons insisté sur cette distinction devant le *deuxième Congrès international des Mathématiciens, tenu à Paris en août* 1900 (*Compte rendu du Congrès*, p. 419). Sur les différences spécifiques entre le calcul par le trait, le calcul nomographique et le calcul mécanique, voir également un article de M. Torrès (*Bull. de la Soc. Math. de France*, t. XXIX, 1901, p. 161).

d'entre eux et l'extrémité du dernier est égale à la somme
des longueurs de ces segments.

La soustraction résulte du même principe lorsqu'on le
complète par la notion du signe des segments, attaché au
sens suivant lequel ils sont portés.

La multiplication graphique résulte immédiatement de la
considération de deux triangles semblables. Soit, en effet,

Fig. 48.

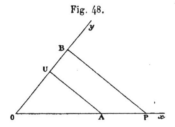

à effectuer le produit $a \times b$. Portons sur deux droites quelconques Ox et Oy les longueurs $OA = a$ et $OB = b$
(*fig*. 48).

Sur OB prenons $OU = 1$, à l'échelle adoptée; tirons la
droite UA et menons par le point B la parallèle BP à UA.
Nous avons, d'après la propriété fondamentale des triangles
semblables,

$$\frac{OP}{OB} = \frac{OA}{OU}$$

ou

$$OP \times OU = OA \times OB,$$

c'est-à-dire, en représentant par p la longueur OP,

$$p = a \times b.$$

La même figure fournit évidemment le moyen de faire
graphiquement une division.

Supposons, à titre de troisième exemple, que l'on veuille
effectuer graphiquement l'extraction de la racine carrée.

Portons bout à bout sur une droite (*fig.* 49) les segments AO = 1 et OB = *n*. Sur AB comme diamètre décrivons un demi-cercle et élevons en O la perpendiculaire OC. Le triangle ACB étant rectangle en C, on a, en vertu d'un théorème bien connu,

$$OC = \sqrt{AO \times OB}$$

ou, en appelant x la longueur OC,

$$x = \sqrt{n}.$$

On peut ainsi substituer à une opération arithmétique quelconque une construction géométrique, et même non

Fig. 49.

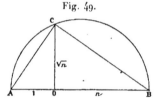

pas seulement une seule, mais, le plus souvent, toute une variété de constructions entre lesquelles il convient de choisir suivant le cas. Dès lors, l'énoncé donné plus haut se précise; on conçoit mieux de quelle manière le calcul exigé par l'application de telle ou telle formule, qui se réduit en fin de compte à une série d'opérations arithmétiques, peut être remplacé par l'exécution d'une épure.

Mais, si le calcul par le trait se bornait à cela, le profit qu'on en tirerait au point de vue de la pratique serait assez minime. Ce qui constitue son principal avantage, ce qui en fait, en outre, un art véritable, c'est que l'on peut toujours substituer à la série des constructions graphiques, suivant, en quelque sorte, pas à pas les opérations arithmétiques qu'exigerait l'application d'une formule, un tracé condensé permettant d'obtenir bien plus rapidement le résultat cherché. L'art consiste précisément, dans chaque cas, à choisir dans le vaste arsenal des théorèmes de la Géométrie celui qui conduit le plus directement au résultat du calcul de la formule donnée.

Un exemple va rendre cette idée beaucoup plus claire. Soit à résoudre l'équation du second degré

$$x^2 + px + q = 0.$$

L'Algèbre nous apprend que les racines x' et x'' de cette équation sont données par les formules

$$x' = \frac{-p + \sqrt{p^2 - 4q}}{2}, \qquad x'' = \frac{-p - \sqrt{p^2 - 4q}}{2}.$$

Les constructions élémentaires rappelées plus haut nous permettent d'effectuer séparément le produit $p \times p = P$, puis la soustraction $P - 4q = d$, puis l'extraction de racine $\sqrt{d} = r$, enfin la soustraction $r - p = n'$, ou l'addition $r + p = n''$, ce qui nous donne $x' = \frac{n'}{2}$ et $x'' = -\frac{n''}{2}$. Le problème serait ainsi résolu; il faut remarquer toutefois que le tracé ainsi défini est peu expéditif; nombre de gens n'hésiteraient sans doute pas à lui préférer le calcul numérique direct.

Mais la Géométrie mieux interrogée, serrée de plus près, répond par des solutions bien autrement simples. Nous n'en citerons qu'une, due à Lill, et dont l'élégance est manifeste ([1]).

([1]) La méthode de Lill, moyennant certains tâtonnements, s'étend à des équations numériques de degré quelconque (F. T., p. 197). M. G. Arnoux qui a, par une autre voie, été amené à la même méthode, a imaginé, en outre, un appareil propre à réduire sensiblement les tâtonnements qu'elle comporte (*Bull. de la Soc. math. de France*, t. XXI, 1893, p. 87).

Ayant pris deux axes rectangulaires Ox et Oy (*fig.* 5o), marquons sur Oy le point A tel que OA soit égal à l'unité

Fig. 5o.

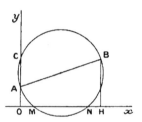

choisie, puis prenons le point B dont les coordonnées, mesurées avec cette unité, soient

$$OH = -p, \qquad BH = q.$$

Le cercle décrit sur AB comme diamètre coupe l'axe Ox en des points M et N dont les abscisses OM et ON, mesurées toujours avec la même unité, sont les racines de l'équation proposée.

On voit, en effet, immédiatement sur la figure que

$$OM + ON = ON + NH = OH = -p,$$

et

$$OM.ON = OC.OA = HB.OA = q.$$

Cet exemple bien simple est, sans doute, de nature à faire pressentir dans quel esprit sont conçus les procédés du Calcul graphique considéré en général.

Ce genre de Calcul a donné lieu pour la première fois à un exposé d'ensemble de la part de l'ingénieur des Ponts et Chaussées Cousinery, dans un livre publié à Paris, en 1840, précisément sous le titre de *Calcul par le trait*, livre qui peut être considéré comme le point de départ de tous les développements donnés ultérieurement à ce sujet.

Il a été développé, depuis lors, dans divers autres Ouvrages, notamment dans la première Partie du *Traité de*

Statique graphique de Culmann, dont il va être question
ci-dessous, et dans le second Volume des *Leçons de Statique
graphique* d'Antonio Favaro, où il a pris une nouvelle ampleur. Nous renvoyons d'ailleurs à ce dernier Ouvrage pour
les détails relatifs à la littérature du sujet.

Cette double citation montre qu'au Calcul graphique proprement dit se lie la *Statique graphique* dont le nom est
aujourd'hui si populaire parmi les techniciens. Encore con-
vient-il de remarquer le caractère propre de cette branche
spéciale du Calcul graphique. Ici, on n'a pas à substituer,
comme dans le cas général, à des nombres soumis au calcul
des segments de droite, mesurés par ces nombres, pour y
rattacher une certaine construction. Les données se présentent sous la forme même de tels segments (vecteurs
représentatifs des forces intervenant dans la question) dont,
non seulement la longueur, mais encore la position relative
doit être prise en considération.

L'objet de la Statique graphique est de déduire de ces
données graphiques certains résultats de même forme par
des tracés dérivant *systématiquement* de certaines notions
fondamentales comme le polygone funiculaire, le polygone
des forces de Varignon, les figures réciproques de Cremona.

C'est à Culmann que revient l'honneur d'avoir, le premier, constitué la Statique graphique à l'état de corps de
doctrine homogène et autonome.

Mais divers savants ou ingénieurs s'étaient, avant lui,
préoccupés de donner des solutions géométriques des problèmes qu'offre l'art des constructions.

« Poncelet, dit M. Favaro ([1]), a fait usage des lignes pour

---

([1]) F. T., *Préface*, p. XXVI et XXIX. Il est d'ailleurs juste de reconnaître
que, même après le développement pris par la Statique graphique, les solutions
de problèmes de Mécanique tirées de la Géométrie ordinaire ne sont pas à dédai-
gner. On en doit notamment à M. Collignon un grand nombre de fort élégantes.

la résolution d'un très grand nombre de problèmes de Mécanique; mais la plupart de ces constructions ne sont pas directement graphiques; elles sont plutôt la traduction en langage géométrique d'expressions préalablement déduites de l'Analyse....

» ... Saint-Guilhem, Méry et beaucoup d'autres ont aussi donné, avant Culmann, d'intéressantes solutions graphiques de divers problèmes de Statique relatifs à l'art de l'ingénieur; mais leurs recherches, limitées à certaines questions spéciales, n'ont pas eu pour effet de dégager les principes généraux qui auraient pu servir de base à de véritables méthodes.... »

On distinguerait plus justement les premiers linéaments du corps de doctrine en lequel devaient se fondre un jour les méthodes générales de la Statique graphique dans deux importants Mémoires publiés par Lamé et Clapeyron alors qu'ils étaient au service du Gouvernement russe ([1]), et, plutôt encore, dans un beau travail du capitaine du Génie Michon ([2]), alors professeur à l'Ecole d'application de Metz, dont l'enseignement, dit M. Favaro, « tout à fait conforme à l'esprit des méthodes de la Statique graphique, présente la première application directe des propriétés du polygone des forces et du polygone funiculaire à l'étude de la stabilité des voûtes et des murs de revêtement ».

D'autres essais peuvent être signalés en Angleterre, dus à Taylor ([3]), dessinateur chez le constructeur J.-B. Cochrane,

---

([1]) *Journal des voies de communication*, de Saint-Pétersbourg, décembre 1826, p. 35 et janvier 1827, p. 43.

([2]) *Instruction sur la stabilité des voûtes et des murs de revêtement*, lithographiée à Metz en novembre 1843, p. 22, 24, 26. Culmann reconnaît au surplus très explicitement sur ce point les droits de priorité de Michon (Préface de la traduction française du *Traité de Statique graphique*, p. IX-X).

([3]) D'après le Mémoire du Professeur Fleeming Jenkin : *On the practical application of reciprocal figures to the calculation of strains on framework* (*Trans. of the R. Soc. of Edinburgh*, Vol. XXV).

à Rankine (¹), à Clerk Maxwell (²) qui a même abordé la théorie des figures réciproques.

Mais, encore une fois, c'est Culmann qui, à partir de 1860, par son enseignement de l'École polytechnique de Zurich, est parvenu à grouper en un tout homogène les théories de la Statique graphique (³).

Après lui, il convient de citer Cremona, qui a su donner à la théorie des figures réciproques (⁴) sa pleine extension; Mohr qui, par l'assimilation de la ligne élastique à un polygone funiculaire, a ouvert aux méthodes nouvelles le domaine de la Résistance des matériaux; enfin M. Maurice Lévy qui, dans un Ouvrage magistral (⁵), a porté ces méthodes à un degré de généralité qu'on ne leur eût d'abord pas soupçonné.

Aujourd'hui, la Statique graphique, que l'enseignement de M. Rouché au Conservatoire des Arts et Métiers a contribué à populariser (⁶), est entrée dans la pratique courante de tous les constructeurs à qui elle rend d'immenses services. Il faut toutefois reconnaître que, encore maintenant, elle reste plus spécialement l'apanage des ingénieurs formés à l'École de Zurich où Culmann en a jeté les fondements.

A titre de simple indication, car cela s'éloignerait de notre sujet, nous rappellerons ici l'existence d'instruments spéciaux propres à simplifier les opérations graphiques, dont

---

(¹) *A manual of applied Mechanics;* Londres, 1872, nᵒˢ 115-124. Traduit de l'anglais sur la 7ᵉ édition par A. Vialay; Paris, 1876.

(²) *Philosophical Magazine,* avril 1864. — *Trans. of the R. Soc. of Edinburgh,* Vol. XXVI.

(³) *Traité de Statique graphique,* traduit sur la 2ᵉ édition allemande par G. Glasser, J. Jacquier et A. Valat; Paris, 1880.

(⁴) *Les figures réciproques en Statique graphique.* Traduit de l'italien par L. Bossut; Paris, 1885.

(⁵) *La Statique graphique et ses applications aux constructions;* Paris, 1ʳᵉ éd., 1874; 2ᵉ éd., en 4 vol., 1886-1888.

(⁶) Cours publié dans l'*Encyclopédie des Travaux publics.* Paris, 1889.

les plus simples sont les antiques compas de proportion et compas de réduction, dont les plus perfectionnés sont les divers types d'intégromètres, parmi lesquels le plus classique est celui d'Amsler, et qui ont donné lieu à une abondante littérature ([1]).

Les intégraphes ([2]), en permettant de représenter la succession des valeurs prises par un polynome de degré n considéré comme $n^{ième}$ intégrale d'une constante (ce qui, notamment, les fait intervenir utilement dans la résolution graphique des équations), jouent un rôle particulièrement important dans le Calcul mécanicographique.

Il est assez curieux, d'ailleurs, que le xviiie siècle ait déjà connu le principe d'un appareil ([3]), assez rudimentaire il est vrai, composé de tiges réunies par des articulations à glissières, qui permettait d'engendrer la courbe représentative d'un polynome quelconque. Il faut ajouter que le nombre des tiges augmentant avec le degré du polynome à représenter, l'usage d'un tel appareil serait pratiquement assez borné.

([1]) Sans essayer de donner ici la moindre idée de cette littérature, nous croyons devoir recommander la lecture du Mémoire de M. Amsler, *Ueber mechanische Integrationen,* publié dans le *Katalog* de M. Walther Dyck (p. 99).

([2]) *Les Intégraphes,* par Abdank-Abakanowicz; Paris, 1886. — *Note sur les Intégraphes,* par J. Massau; Gand, 1887.

([3]) Cet appareil, donné par Rowning sous le nom d'*Universal constructor of equations* (*Lond. Trans.,* Vol. LX, 1770, p. 240), est attribué par Borgnis (*Traité complet de Mécanique appliquée aux Arts,* t. VIII, 1820, p. 226) à Clairaut, mais sans aucune référence bibliographique. Son principe coïncide exactement avec celui de la méthode donnée par M. Favaro (F. T., p. 204) sous le nom de Bellavitis.

VI. — LES TABLES GRAPHIQUES, ABAQUES OU NOMOGRAMMES. LE CALCUL NOMOGRAPHIQUE.

Nous arrivons au second mode d'intervention, annoncé plus haut, de la méthode graphique dans le domaine du calcul. Il ne s'agit plus ici d'effectuer, dans chaque cas, une construction sur des éléments géométriques dont les grandeurs représentent des nombres soumis à certain calcul, mais de dresser des Tables graphiques cotées, plus ou moins simples, sur lesquelles on n'ait qu'à lire les résultats dont on a besoin. Ces Tables fournissent en quelque sorte une *image des lois mathématiques* énoncées symboliquement au moyen des formules algébriques. On peut donc les comprendre sous le terme générique de *nomogrammes* (de νόμος, loi ; γράφω, je dessine).

Ces nomogrammes peuvent d'ailleurs être constitués par des systèmes cotés soit invariables, soit mobiles les uns par rapport aux autres. A cet égard, on voit que les règles à calcul, abstraction faite de leur support matériel, peuvent être regardées comme de purs nomogrammes.

Cette première notion un peu vague, qui va être précisée davantage, montre déjà que les nomogrammes peuvent être considérés comme des Tables de calculs tout faits. Mais la forme graphique qu'ils revêtent leur assure de précieux avantages par rapport aux Tables numériques ordinaires, et tout d'abord : grosse économie du temps employé à les établir ; inscription dans un cadre bien plus restreint ; grande facilité de l'interpolation par l'estime.

On doit, il est vrai, reconnaître que, sous les dimensions usuelles, les nomogrammes ne peuvent fournir qu'un nombre restreint, généralement trois, quatre au plus, de chiffres significatifs du résultat, tandis que les barèmes peu-

vent se prêter à tel degré d'approximation que l'on veut.
Cela limite l'emploi des nomogrammes pour certaines spé-
cialités, comme la finance, où l'on opère souvent sur un
grand nombre de chiffres et où, par suite, on ne peut guère
y avoir recours qu'en vue d'une première approximation.
Il existe toutefois des champs immenses d'applications où
le degré d'approximation qu'ils permettent est largement
suffisant, celui notamment de la science de l'ingénieur. Il
est, au surplus, inutile d'insister davantage sur ce point,
les faits semblant à cet égard d'une éloquence particulièrement probante.

Mais il est deux points sur lesquels s'affirme pour les
nomogrammes une supériorité décisive. En premier lieu,
ils peuvent, comme on l'indiquera plus loin, se prêter à un
accroissement, pour ainsi dire, indéfini du nombre des
entrées. En second lieu, ils permettent de déterminer tout
aussi facilement les valeurs des fonctions implicites que
celles des fonctions explicites ([1]). C'est, peut-on dire, lorsqu'on représente une certaine équation, la construction
même du nomogramme qui la *résout*. Cette idée sera rendue
beaucoup plus claire par des exemples subséquents. Nous y
reviendrons à cette occasion. On peut d'ailleurs aisément
pressentir le genre de difficulté que l'on éprouve à construire un barème pour une fonction implicite, attendu que,
pour chaque état des données, la valeur de l'inconnue ne
s'obtient qu'au prix d'une méthode indirecte, exigeant parfois des calculs fort longs.

Aussi, sous ce dernier point de vue, l'intérêt qui s'attache
aux nomogrammes est-il véritablement primordial et les
fait-il apparaître comme un outil mathématique des plus
précieux.

([1]) Sur cette distinction, revoir ce qui a été dit à la page 136.

Avant d'aborder la description sommaire des types de nomogrammes les plus courants, nous pensons devoir jeter un coup d'œil sur leur développement historique.

Coup d'œil sur l'histoire de la Nomographie.

La première trace des notions qui devaient venir se grouper un jour dans ce corps de doctrine peut être discernée d'une part dans l'échelle logarithmique de Gunter, premier exemple de la représentation d'une fonction par un axe gradué, de l'autre dans la Géométrie de Descartes, qui nous a révélé la représentation des fonctions par les courbes.

Mais ce n'est que dans l'*Arithmétique linéaire* de Pouchet (¹), parue à Rouen en 1795, que se rencontre le premier essai de construction systématique de Tables graphiques à double entrée, préparant la voie aux méthodes de la Nomographie.

Les Tables de Pouchet sont très exactement des abaques à deux entrées du type ordinaire, ou cartésien, décrit plus loin, et les premiers qu'on en puisse citer.

Pouchet s'est d'ailleurs parfaitement rendu compte de la portée de la méthode qu'il inaugurait, comme on en peut juger par les extraits suivants de son Livre, reproduits par M. Favaro dans la Préface de ses *Leçons de Statique graphique* (t. I, p. 20) :

« L'avantage du calcul graphique (²) est la faculté d'opérer

(¹) Insérée dans la 2ᵉ édition du livre de cet auteur intitulé : *Échelles graphiques des nouveaux poids, mesures et monnaies de la République française.* Dans ce premier essai, la lecture du Tableau suppose l'emploi du compas, qui se trouve supprimé dans une nouvelle édition publiée sous le nom de *Métrologie terrestre* (Rouen, 1797).

(²) Il s'agit ici de ce que, dans le présent Ouvrage, nous appelons le *calcul nomographique.*

avec promptitude et sans nécessité de plume, papier ni encre, puisqu'il présente, en quelque sorte, une Table universelle de comptes faits.... Cette Arithmétique linéaire peut devenir universelle comme le calcul ordinaire. »

Nous ne saurions même, quelle que soit l'autorité de ces deux auteurs, nous associer à Lalanne et à M. Favaro (*loc. cit.*, p. 21) lorsqu'ils formulent le regret que Pouchet n'ait pas vu dans ses *lignes d'égal élément* les projections, sur le plan du tableau, des sections parallèles à ce plan faites dans certaines surfaces, ce qui lui eût permis d'identifier de prime abord, comme Terquem devait le faire plus tard ([1]), les abaques ordinaires à deux entrées à la représentation des surfaces topographiques ([2]).

La remarque de Terquem tend évidemment à donner une forme géométrique simple au principe de ces nomogrammes particuliers, mais on ne saurait en tirer un bien grand bénéfice, un mode de génération analogue ne pouvant s'étendre aux nomogrammes plus généraux sur lesquels,

---

([1]) *Mémorial de l'Artillerie*, 1838. Cette remarque est formulée à propos des Tables graphiques de Bellencontre citées plus bas. Le même volume contient une autre Note de Terquem sur les Tables de d'Obenheim.

([2]) D'après M. Favaro (F. T., p. 154), l'usage des *courbes de niveau*, connu dès le XVIᵉ siècle (*Astronomique discours*, de Jacques Bassantin, 1557), familier aux Hollandais du XVIIᵉ (*Art du Fontainier*, du P. Jean-François, 2ᵉ éd., 1665, p. 25), a été proposé pour la représentation du relief du globe, par Philippe Buache (*Mémoires de l'Académie des Sciences* pour 1752), Ducarla (*Expression des nivellements*, 1782) et Dupain-Triel (*Méthode nouvelle de nivellement*, 1804).

Le même procédé de notation graphique, appliqué à d'autres éléments physiques, que, dès le XVIIᵉ siècle, Halley utilisait pour la déclinaison magnétique, a donné naissance aux lignes *isothermes* de Humboldt (1813) et, depuis lors, à une foule de lignes analogues parmi lesquelles les *isobares*, publiées chaque jour par le Bureau central météorologique, sont particulièrement populaires.

Enfin, la traduction, sous cette forme, de résultats d'expériences dépendant de deux données variables, utilisée dès 1825 par Piobert (*Mémorial de l'Artillerie*, t. I, 1826), est entrée depuis longtemps dans la pratique journalière de tous les techniciens. *Voir* l'Ouvrage de M. le Pʳ Marey : *La méthode graphique dans les Sciences expérimentales* (Paris, Masson, 1878).

comme le faisait Pouchet sur les siens, on n'a qu'à considérer des systèmes plans d'éléments cotés, mis dans de
certaines relations de position, sans se préoccuper de les
rattacher à aucun être géométrique extérieur à ce plan.

Parmi les auteurs qui, à dater de cette époque, ont eu
recours à ce mode de représentation graphique des formules
à deux entrées, on peut citer d'Obenheim ([1]), officier du
Génie, professeur à l'École de Strasbourg; Bellencontre ([2]),
chef d'escadron d'Artillerie; Allix ([3]), ingénieur de la
Marine.

Léon Lalanne, alors ingénieur des Ponts et Chaussées,
qui, dès 1842, avait proposé l'emploi de Tables graphiques
de ce genre pour le calcul des profils de terrassements, dans
un Appendice au *Résumé du cours de construction* de
Sganzin, formula en 1843 le principe de l'*anamorphose*
aujourd'hui classique ([4]), dont il sera question plus loin, et
qui, en réduisant, dans un grand nombre de cas, toutes les

([1]) *Balistique*, 1814. — *Mémoire contenant la théorie, la description et
l'usage de la planchette du canonnier*, 1818.

([2]) *Mémorial de l'Artillerie*, 1830. Il s'agit d'une construction graphique
des Tables de Lombard, qui a été, pour Terquem, l'occasion de la remarque
mentionnée plus haut.

([3]) *Explication d'un nouveau système de tarifs*, 1840.

([4]) *C. R.*, 2ᵉ sem. 1843, p. 492. Sous le titre de *Mémoire sur les Tables
graphiques et sur la Géométrie anamorphique*, Lalanne a donné un exposé
complet de sa méthode dans les *Annales des Ponts et Chaussées* (1ᵉʳ sem. 1846).
En ce qui concerne l'application de cette méthode au calcul des profils de terrassements, Lalanne améliora sensiblement la disposition de ses Tables (*Ibid.*,
1ᵉʳ sem. 1850), en utilisant une idée ingénieuse que l'ingénieur des Ponts et
Chaussées Davaine avait mise en œuvre dans des Tables sans anamorphose
qu'il avait combinées de son côté (*Mémoires de la Société des Sciences de
Lille*, 1845). Un résumé très complet des travaux de Lalanne sur les méthodes
graphiques de calcul a été donné par lui-même dans le volume de *Notices*
publié par les soins du Ministère des Travaux publics à l'occasion de l'Exposition universelle de 1878 (p. 429 à 484). Il y fait ressortir que les publi-
cations faites en Allemagne sur le même sujet par MM. Herrmann (1875),
Helmert (1876) et Vogler (1877), et en Hollande par M. Kapteyn (1876),
n'ont rien ajouté d'essentiel à sa méthode.

lignes à tracer à de simples droites, favorisa grandement
l'essor de ces Tables graphiques à deux entrées ou *abaques*
(suivant l'expression même de Lalanne).

On verra par la suite que le principe de l'anamorphose,
d'abord imaginé sur un cas particulier par Lalanne, n'a été
énoncé avec toute sa généralité que beaucoup plus tard par
M. Massau ([1]), ingénieur au corps belge des Ponts et Chaussées, professeur à l'Université de Gand.

En cherchant à éviter les inconvénients, signalés plus
loin, des entrecroisements de lignes qu'offrent les abaques
Lalanne, nous avons, pour notre part, imaginé en 1884 une
méthode, dite maintenant des *points alignés* ([2]), qui s'est
montrée à la fois très souple, très féconde et susceptible
d'importantes extensions sous le rapport de l'accroissement
du nombre des entrées.

Enfin, en 1886, M. Lallemand faisait à son tour connaître
une méthode dite des *abaques hexagonaux* ([3]), applicable

([1]) *Mémoire sur l'intégration graphique et ses applications* (Liv. III,
Chap. III, § 2); Gand, 1884.

([2]) *Procédé nouveau de calcul graphique* (*Ann. des Ponts et Chaussées,*
2ᵉ sem. 1884, p. 531). Développée sous le nom de *méthode des points isoplèthes* dans les Chapitres IV et VI de notre brochure de 1891, elle a pris
toute son ampleur, dans les Chapitres III et V de notre *Traité* de 1899, sous
le nom que nous lui donnons ici.

Nous saisirons cette occasion pour faire remarquer que les solutions données
précédemment par divers auteurs, notamment par Möbius (*Journal de Crelle,*
t. 22, p. 280), par Kutter et Ganguillet (*Oester. Ing. und Arch. Ver. Zeitschr.,*
t. XXI, 1869, p. 50) pour certains problèmes particuliers, et qui peuvent être
rattachées, *a posteriori,* à la méthode des points alignés (de même que la
transformation de Mercator l'a été au principe de l'anamorphose) ne mettaient
point en évidence les principes généraux d'où devaient découler les applications systématiques de cette méthode. On pourrait répéter ici ce qui a été
dit plus haut (p. 142) des solutions particulières qui ont précédé la Statique
graphique.

([3]) *C. R.,* 1ᵉʳ sem. 1886, p. 816. M. Lallemand avait, au préalable, donné
un développement complet de sa méthode dans une autographie datée de 1885,
exclusivement destinée au Service du Nivellement général de la France. Il a
bien voulu, depuis lors, la mettre à notre disposition pour la préparation de
notre brochure de 1891.

à des équations de forme assez particulière à la vérité, mais
très fréquente dans la pratique. Il la complétait d'ailleurs
par l'idée des échelles multiples (binaires, ternaires, etc.)
qui, ainsi qu'on le verra plus loin, lui permit, pour ce type
spécial d'équation, d'accroître à volonté le nombre des
entrées.

Le rapprochement de ces méthodes, assez diverses en
apparence, donna à l'auteur du présent Ouvrage l'idée de
les fondre en un seul exposé d'ensemble en les faisant
dériver systématiquement d'une théorie unique ([1]); telle
a été l'origine de la *Nomographie*.

Ce corps de doctrine, esquissé pour la première fois
en 1891 ([2]), a pris toute son ampleur dans le *Traité* publié
en 1899 ([3]), qui devait aboutir, dans son Chapitre VI, à la
théorie la plus générale englobant tous les modes *possibles*
de représentation nomographique, théorie que nous avons

([1]) Une phrase ambiguë de l'Avant-Propos de notre première brochure sur
la Nomographie (p. 4), phrase qui s'appliquait aux abaques *en général*, et
non aux seuls abaques hexagonaux cités dans un alinéa précédent, a pu faire
croire que c'est la théorie de ceux-ci qui a servi d'embryon à nos propres travaux. Cette erreur d'interprétation s'est même rencontrée sous une plume
illustre (*Journal des Savants*, 1895, p. 212). Nous ferons remarquer que nos
recherches personnelles, livrées au public dès 1884, sont tout à fait distinctes
de celles de M. Lallemand, qui ne l'ont été qu'en 1886, et que nous nous sommes
borné à rattacher ensuite, comme celles de Lalanne, de M. Massau, etc., et
comme les nôtres propres, à la théorie générale que nous avons construite de
toutes pièces.

([2]) *Nomographie. Les calculs usuels effectués au moyen des abaques.
Essai d'une théorie générale.* Paris, 1891. — Ouvrage couronné par l'Académie des Sciences (Prix sur la fondation Leconte, 1892).

([3]) *Traité de Nomographie.* Paris, 1899. L'ensemble des travaux fondus
dans cet Ouvrage (désigné ici par *T. N.*) a été couronné, par l'Académie des
Sciences, du prix Poncelet (1902). L'auteur a d'ailleurs pu y introduire
diverses méthodes particulières, comme celles des *images logarithmiques* de
M. Mehmke, ou des *transversales quelconques* de M. Goedseels, venues à sa
connaissance, ou même imaginées, depuis sa brochure de 1891. Divers principes
contenus dans cet Ouvrage, complétés même sur divers points, ont fait, de la
part de M. Soreau, l'objet d'un exposé nouveau accompagné d'un grand nombre
d'applications sous le titre : *Contribution à la théorie et aux applications de*

reprise à un point de vue un peu différent et simplifiée en 1903 ([1]).

Le Traité de 1899 a, croyons-nous, définitivement fondé l'autonomie du calcul nomographique au regard du calcul graphique proprement dit ([2]).

Remarquons, en outre, que la Nomographie n'a pas seulement l'avantage de synthétiser en un ensemble homogène des procédés particuliers qui pouvaient passer *a priori* pour quelque peu disparates, et, par suite, de faciliter singulièrement leur étude à ceux qui les abordent pour la première fois, mais encore de permettre de multiplier dorénavant ces procédés, d'après une marche rationnelle, en les appro-

---

la *Nomographie* (Extrait du *Bulletin de la Société des Ingénieurs civils*, 1901). On trouvera une analyse de ce travail dans le *Bulletin des Sciences mathématiques* (1902, p. 67).

Des résumés de la doctrine nomographique, inspirés plus ou moins directement du Traité ci-dessus, ont été publiés en diverses langues par MM. Schilling (*Ueber die Nomographie von M. d'Ocagne;* Leipzig, 1900), Pesci (*Cenni di Nomografia*, 1re éd., Rome, 1900; 2e éd., Livourne, 1901), Suttor (*Cours de Nomographie*, Louvain, 1900), Vaes (Analyse du *Traité de Nomographie* dans *Marineblad*, Rotterdam, 1901), Ricci (*La Nomografia*, Rome, 1901). Une section spéciale lui a été consacrée par M. R. Mehmke dans l'*Encyklopädie der mathematischen Wissenschaften* (t. I, p. 1024). Aux États-Unis, le principe des nouvelles méthodes a été signalé dans un article intitulé : *The construction and use of graphical Tables* (*Western Electrician*, 9 mars 1901, p. 162) par M. J. Eichhorn, qui en a fait, en outre, diverses applications techniques.

([1]) *Exposé synthétique des principes fondamentaux de la Nomographie* (Extrait du *Journal de l'École Polytechnique*, 1903). Désigné dans la suite par *E. S.*

([2]) *Voir* la Note de la page 136. Qu'il nous soit permis, à ce propos, d'invoquer l'autorité de M. Maurice Lévy, le principal initiateur en France de la Statique graphique, qui a écrit (*Génie civil*, t. XXXV, p. 425) : « Remplacer les calculs numériques qu'exigent les applications de la Science, dans leur multiple variété, par des Tableaux graphiques qui en fournissent les résultats à simple vue, toutes les fois que les représentations graphiques sont susceptibles d'une approximation suffisante, tel est l'objet d'un *nouveau chapitre de la Science,* qui mérite de prendre place *à côté* de la Géométrie descriptive et de la Statique graphique, que M. Maurice d'Ocagne, ..., a constitué en corps de doctrine, et auquel il a proposé de donner le nom de *Nomographie*. » (Les mots soulignés dans ce texte l'ont été par nous.)

priant aux exigences nouvelles auxquelles on pourra avoir affaire.

Après ce court aperçu historique sur le calcul nomographique, nous allons aborder l'exposé de ses principes les plus usuels en nous efforçant de ne faire appel qu'au plus petit nombre possible de notions mathématiques.

Principe des abaques ordinaires à deux entrées.

Il convient, en premier lieu, d'indiquer le principe des abaques ordinaires à deux entrées. L'énoncé de ce principe est d'une remarquable simplicité lorsqu'on l'exprime dans le langage de la Géométrie analytique, mais il est possible, sans y recourir, d'en faire naître une idée suffisamment nette.

Toute formule à deux entrées peut, ainsi que nous l'avons vu, être représentée par un barème sur un des bords horizontaux duquel on inscrit les valeurs de l'une des entrées, les valeurs de l'autre étant inscrites sur un bord vertical, et le résultat de la formule, pour chaque couple de valeurs des entrées, dans la case située à la rencontre de la colonne verticale correspondant à la première entrée et de la bande horizontale correspondant à la seconde; telle, la Table de Pythagore.

Supposons maintenant qu'à toute valeur de chacune des entrées on fasse correspondre, non pas une division de l'axe correspondant, mais un simple point de cet axe, dont le nombre correspondant mesure la distance à l'origine, en cotant 1 le premier point de division, 2 le second, etc.

Ce changement, qui paraît presque indifférent au premier abord, constitue en réalité une véritable révolution. Voici pourquoi : dans le premier cas, on n'avait strictement représenté que les valeurs des entrées inscrites sur le

Tableau; dans le second, au contraire, on peut considérer que *toute valeur* intermédiaire entre ces valeurs effectivement inscrites se trouve également représentée. Puisque, en effet, chaque valeur effectivement inscrite à côté d'un point représente, avec une certaine unité de longueur, la distance de ce point à l'origine, on voit que toute autre valeur est représentée par le point dont elle exprime la distance à l'origine. Par exemple, le point marquant le milieu de l'intervalle entre le point de division coté 3 et celui coté 4 peut être considéré comme représentatif de la valeur 3,5 de l'entrée correspondante.

Il n'y a donc nulle difficulté, mètre en main, soit à marquer sur l'axe le point représentatif d'une quantité donnée, soit, au contraire, à déterminer la valeur de l'entrée répondant à un point donné.

On conçoit, en outre, que, avec un peu d'habitude, on puisse, à un certain degré d'approximation, suppléer à l'opération faite rigoureusement par une simple estimation à vue. Un œil tant soit peu exercé ne doit pas commettre ainsi une erreur supérieure à $\frac{1}{10}$. C'est là ce qu'on appelle faire une *interpolation à vue*.

Les entrées se trouvant ainsi représentées, on voit que, à chaque résultat, ne correspondra plus toute une case, mais bien un simple point, situé à la rencontre de la verticale correspondant à l'une des entrées et de l'horizontale correspondant à l'autre ([1]).

On pourrait, comme précédemment, inscrire chaque résultat à côté du point correspondant, mais ici se présente tout naturellement une idée nouvelle d'où va dériver toute la théorie qui suit.

---

[1] Par convention, nous appelons ici, et dans la suite, sens *vertical* celui de la hauteur de la page, sens *horizontal*, celui de sa largeur.

Si, en effet, cette inscription avait été faite, on ne saurait manquer d'observer que les points correspondant à une même valeur du résultat seraient disposés le long de certaines lignes qu'il serait facile de tracer, de même que, sur un plan de sondage, on obtient les *courbes de niveau* par la jonction des points de même profondeur, sur une Carte météorologique, les *isobares* par la jonction des points où la pression est la même, etc.

Les lignes ainsi obtenues sont dites *lignes d'égal élément* (Lalanne) ou *lignes isoplèthes* (¹) (Vogler), ou, plus simplement, *lignes cotées* pour l'élément dont la valeur reste constante le long de chacune d'elles.

Est-il besoin d'ajouter que la définition des lignes cotées est indépendante de cette sorte de constatation expérimentale d'où l'on vient de faire dériver leur notion ?

Les règles de la Géométrie analytique nous enseignent, au contraire, à les tracer *a priori*, indépendamment du canevas dont, pour plus de clarté, nous avons préalablement expliqué la disposition.

De tout ce qui précède résulte donc ce fait que, moyennant le tracé sur un quadrillage régulier (tel qu'il s'en trouve de tout imprimés dans le commerce) de courbes que la Géométrie analytique nous enseigne à tracer, nous effectuons *à la fois* le calcul dans tous les cas possibles de la formule à double entrée considérée, et leur inscription sous forme de Tableau méthodique.

Une fois le Tableau ainsi construit, voici comment on s'en sert : *on prend le point de rencontre de la verticale correspondant à l'une des données et de l'horizontale correspondant à l'autre et on lit la cote de la ligne cotée passant par ce point.*

(¹) De ἴσος, égal, et πλῆθος, quantité, valeur. Ce terme fut adopté par Lalanne à la suite de Vogler.

Remarquons que, par une extension toute naturelle, on peut appeler les verticales *les lignes cotées pour la première entrée* et les horizontales les *lignes cotées pour la seconde entrée.* Dans ces conditions, la règle de l'emploi de l'abaque s'énonce sous cette forme très simple, qui a l'avantage de se conserver pour d'autres genres d'abaques d'une disposition un peu différente :

Il suffit de lire la cote de la ligne correspondant au résultat qui passe par le point de rencontre des deux lignes cotées correspondant aux données (¹).

Fig. 51.

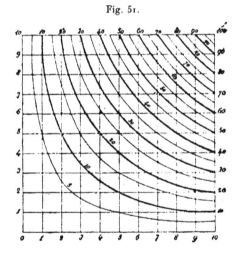

Voici, par exemple (*fig.* 51), dans ce système, l'abaque de la multiplication. C'est celui même qu'avait construit

_____

(¹) Le champ de l'abaque n'est pas toujours limité à celui que définissent les valeurs extrêmes figurant dans ses graduations. L'extension de ce champ résulte des principes que nous avons énoncés sous le nom de *superposition des graduations* et, plus spécialement, sous celui des *multiplicateurs correspondants* (*T. N.*, p. 38, 39).

Pouchet. On vérifie, par exemple, que la verticale cotée 5 et l'horizontale cotée 3 se rencontrent sur la courbe dont la cote 15 est égale au produit 5 × 3.

Les lignes cotées répondant au produit sont ici des hyperboles équilatères ayant pour asymptotes le bord inférieur et le bord vertical de gauche du Tableau. La Géométrie nous permet de construire directement ces courbes. Mais, afin de recourir à un exemple plus élémentaire, nous choisirons le cas de la formule

$$z = \sqrt{x^2 + y^2}.$$

Prenons la variable x comme entrée sur le bord horizontal et la variable y comme entrée sur le bord vertical du Tableau, et cherchons sur quelle ligne (cotée z) seront distribués les points correspondant à une même valeur de z.

Soient ($fig.$ 52) X et Y les points correspondant respectivement aux entrées x et y. D'après la remarque faite plus haut, on a $OX = x$ et $OY = y$. Or, si Z est le point corres-

Fig. 52.

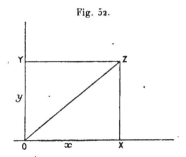

pondant au résultat (coté z), on a, d'après le simple théorème du carré de l'hypoténuse,

$$\overline{OZ}^2 = \overline{OX}^2 + \overline{XZ}^2 = \overline{OX}^2 + \overline{OY}^2 = x^2 + y^2 = z^2.$$

Ainsi, le point coté z se trouve à la distance $OZ = z$ de l'origine. Par suite, tous les points de même cote z (dont l'ensemble constitue la ligne répondant à cette valeur de z) sont situés sur un cercle de rayon z décrit de l'origine O comme centre.

On obtient donc l'abaque de la formule proposée (*fig.* 53),

Fig. 53.

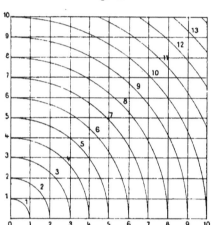

en traçant, sur le quadrillage formé par les lignes correspondant aux deux données, les cercles ayant pour centre l'origine et pour rayons respectifs 1, 2, 3, etc. Il est aisé d'apprécier la rapidité d'exécution d'un tel abaque et l'économie de temps qu'il représente par rapport au calcul du barème à double entrée équivalent.

Nous signalerons, en passant, le motif qui a fait donner à ces sortes de Tableaux graphiques de calculs tout faits le nom d'*abaques,* jadis appliqué à des instruments de calcul rentrant dans la catégorie de ce que, au début de ce Livre, nous avons appelé les *instruments arithmétiques.* Ce motif tient simplement à l'aspect de damier (en grec, ἄϐαξ), que

présentent les Tableaux construits suivant le mode qui
vient d'être décrit (¹).

Principe de l'anamorphose.

Toute formule faisant connaître une certaine quantité, en
fonction de deux autres prises pour données, peut évidemment être traduite en un abaque du genre précédent, c'est-
à-dire constitué par un système de courbes tracées sur un
quadrillage régulier. On pourrait donc, à la rigueur, s'en
tenir là lorsqu'on ne considère que le cas de deux entrées.
Mais nous allons voir maintenant que l'on peut, en modi-
fiant, dans certains cas, la disposition d'un abaque, en simplifier grandement la construction.

C'est à une telle fin que tend le principe de l'anamorphose, imaginé par Lalanne.

Voici, abstraction faite de tout développement mathématique, comment on peut expliquer son essence et son but :

Nous avons supposé précédemment que les valeurs des
deux entrées étaient prises respectivement pour cotes des
axes verticaux et horizontaux d'un quadrillage *régulier,*
mais rien ne nous empêche de renoncer à cette régularité
et de supposer, au contraire, que, sur certaines parties de
l'abaque, les axes parallèles se rapprochent, alors qu'ils
s'écartent en d'autres parties. Les lignes cotées relatives au
résultat pourront encore être définies comme précédemment; ce seront toujours celles qui réuniront les points
correspondant à une même valeur du résultat, mais *leur*

(¹) Bien que cette disposition ne subsiste pas pour d'autres types de Tableaux, nous leur avions, dans nos Ouvrages de 1891 et 1899, conservé la
désignation d'*abaque,* qui est même, aujourd'hui, entrée dans les habitudes du
langage courant. Mais, à la suite de la publication de notre *Traité,* M. le
professeur Schilling, de l'Université de Göttingen, a proposé le terme plus
général et étymologiquement plus satisfaisant de *nomogramme,* que nous
avons, à notre tour, adopté depuis lors (*E. S.*).

forme aura changé, et l'on pourra, dans certains cas, profiter de cette circonstance pour simplifier cette forme.

On peut rendre cette explication plus concrète et peut-être plus frappante en supposant que l'abaque, construit d'après le mode indiqué en premier lieu, ait été dessiné sur un plan extensible tel, par exemple, qu'une feuille de caoutchouc.

Si nous donnons à toutes les parties de ce plan des dilatations égales à la fois dans le sens horizontal et dans le sens vertical, nous allons l'agrandir en conservant au Tableau qui y est dessiné la même disposition. Ses dimensions seront devenues doubles, triples, etc., des primitives, mais sa configuration n'aura pas varié. Nous aurons toujours un quadrillage régulier, à mailles doubles, triples, etc. des précédentes, qui sera encore recoupé aux mêmes points par des courbes rigoureusement semblables à celles de tout à l'heure, mais construites à une échelle double, triple, etc.

Donnons maintenant à notre plan des dilatations horizontales et verticales telles que tous les déplacements horizontaux des points d'une même verticale soient égaux, et que tous les déplacements verticaux des points d'une même horizontale soient aussi égaux, mais que ces déplacements varient d'amplitude respectivement d'une verticale à la suivante ou d'une horizontale à la suivante. Cette fois, non seulement le Tableau changera de dimensions, mais encore il se sera déformé; dans certaines parties, les verticales, ou les horizontales, d'abord régulièrement espacées, se seront éloignées; dans d'autres, elles se seront rapprochées. Les deux premiers systèmes de lignes cotées seront bien encore des verticales et des horizontales, mais formant maintenant un quadrillage irrégulier au lieu du quadrillage régulier de tout à l'heure. On voit dès lors que les lignes cotées du troisième système, au lieu de rester semblables à elles-mêmes comme précédemment, auront cette fois changé de forme et *l'on conçoit que, pour certains types de formules,* qu'il est d'ailleurs facile de déterminer mathématiquement, *ces dilatations irrégulières puissent être choisies de telle sorte que, après déformation, les courbes cotées du premier Tableau soient toutes devenues des droites.*

Il est bien entendu, d'ailleurs, que l'Analyse mathématique permet, non seulement de déterminer le caractère des formules auxquelles cet artifice est applicable, mais encore d'établir *a priori* le quadrillage irrégulier qui proviendrait de la déformation ci-dessus définie du quadrillage régulier, et grâce à l'emploi duquel toutes les lignes cotées du troisième système sont rectilignes.

L'abaque ordinaire de la multiplication, représenté par la figure 51, est notamment susceptible de ce genre de transformation. Il suffit d'établir le quadrillage irrégulier de telle sorte que les graduations portées par les bords du cadre soient des échelles logarithmiques (¹) telles que celle qui a été définie à propos des règles à calcul (p. 106). On obtient ainsi l'abaque que représente la figure 54, le premier de ceux que Lalanne ait construits, d'après ce principe.

Il est d'ailleurs très facile de donner la démonstration pour ce cas simple. Il suffit, après avoir remarqué que, en vertu de la définition même des logarithmes (p. 98),

(¹) Il y a lieu de noter ici ce fait très remarquable : un grand nombre de lois physiques dépendant de deux variables, établies expérimentalement, se traduisent sur un tel quadrillage logarithmique par des systèmes de lignes droites. Le physicien anglais C.-V. Boys, auteur de travaux réputés pour leur rare ingéniosité, nous disait, en mai 1896, lors d'une visite que nous faisions à son laboratoire de Londres, que cette circonstance était si fréquente qu'il en était venu à faire *a priori* le report de ses résultats d'expériences sur du papier à quadrillage logarithmique. Un exemple particulièrement typique se rencontre dans la recherche de la loi théorique de la consommation des machines à vapeur, établie par M. Rateau (*T. N.*, p. 209), et dont il sera question plus loin. On trouve maintenant du papier à quadrillage logarithmique dans le commerce.

l'équation

$$\alpha_1 \alpha_2 = \alpha_3,$$

par laquelle se traduit la multiplication, peut être mise
sous la forme

$$\log \alpha_1 + \log \alpha_2 = \log \alpha_3,$$

d'observer que la somme de l'abscisse et de l'ordonnée d'un

Fig. 54

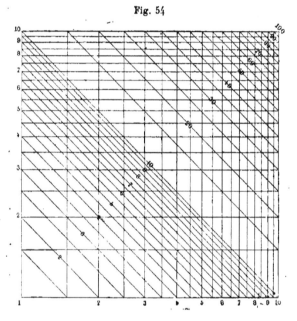

point variable sur une oblique à 45° est constante et égale
au segment déterminé par cette oblique sur l'un ou l'autre
axe.

Il convient, d'ailleurs, d'ajouter que les formules pour
lesquelles ce genre d'artifice est applicable sont extrêmement fréquentes dans la pratique. A cette catégorie appar-
tiennent notamment les formules pour le calcul des profils
de terrassements, traduites précisément en abaques par

Lalanne au moyen de cette méthode, et qui ont grandement contribué à la vulgariser. D'autres applications, nombreuses et variées, ont été données depuis lors soit par Lalanne lui-même, soit par différents auteurs ([1]).

L'anamorphose généralisée.

Le principe de Lalanne s'applique, venons-nous de dire, à un très grand nombre de formules se rencontrant dans la pratique. Mais il est susceptible, ainsi que l'a fait remarquer M. Massau, d'une généralisation qui permet d'obtenir le même genre de simplification dans la construction d'abaques de formules ne répondant pas au caractère requis pour son application directe.

On peut comprendre en quoi consiste cette extension, sans le secours d'aucun appareil mathématique, en revenant à la feuille extensible de tout à l'heure. Supposons donc qu'il soit impossible, par des dilatations telles que celles qui ont été précédemment envisagées, c'est-à-dire uniformes suivant les lignes parallèles aux bords du Tableau, mais variables de l'une à l'autre de ces lignes, de transformer en lignes droites les courbes constituant les lignes cotées du troisième système sur le Tableau primitif. Recourons alors à une déformation plus complète, en faisant non seulement varier de position les droites cotées parallèles aux bords du cadre, *mais en les faisant encore varier de direction* et cela de quantités inégales de l'une à l'autre. Ces droites qui formaient primitivement le quadrillage régulier ne vont même plus, en s'inclinant diversement, donner naissance, comme dans le cas précédent, à un quadrillage irrégulier. Elles vont découper le plan en quadrilatères quelconques. La déformation du troisième sys-

---

tème de lignes cotées est alors, on le voit, beaucoup plus
profonde, et tel type d'abaque, sur lequel l'anamorphose de
Lalanne était impuissante à transformer ces courbes cotées
en lignes droites, pourra bénéficier de cette simplification,
grâce à l'anamorphose généralisée dont il est maintenant
question et qui est celle de M. Massau.

La figure 55 montre, sous forme schématique, la disposition générale d'un abaque de cette sorte.

Ici encore, bien entendu, l'Analyse permettra de déterminer *a priori* le caractère des formules auxquelles l'artifice
est applicable et, lorsque ce caractère sera rempli, de con-

Fig. 55.

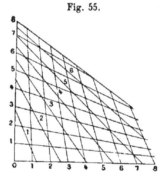

struire directement l'abaque à lignes droites cotées correspondant.

On voit que le principe de l'anamorphose, pris, si l'on
veut, sous sa forme la plus générale, en substituant à
l'abaque donné par la méthode ordinaire, sur lequel certaines courbes devraient être tracées, un abaque sur lequel
il n'y aura que des droites, permettra dans un grand nombre
de cas de réaliser, dans la construction de cet abaque, une
sérieuse économie de temps. Il suffira, en effet, de deux
points pour déterminer chacune des droites de l'abaque,
parfois même d'un seul, lorsque, comme cela a lieu sou-

vent, toutes les droites de chaque système sont respectivement parallèles à une même direction.

Il est d'ailleurs très facile de voir, en s'appuyant sur la
remarque géométrique faite à propos de l'abaque Lalanne
pour la multiplication, que les équations correspondant à
ce dernier cas sont celles qui peuvent s'écrire

$$f_1(\alpha_1) + f_2(\alpha_2) = f_3(\alpha_3),$$

les lignes cotées (α_1) étant alors les verticales passant par
les points de la graduation $f_1(\alpha_1)$ portée sur l'axe Ox, les
lignes cotées (α_2) les horizontales passant par les points de
la graduation $f_2(\alpha_2)$ portée sur l'axe Oy, les lignes cotées (α_3) les obliques à 45° passant par les points de la graduation $\dfrac{f_3(\alpha_3)}{\sqrt{2}}$ portée sur la bissectrice Oz de l'angle xOy.

En dehors de la droite, il est une autre ligne qui est,
dans la pratique, d'un usage aussi commode : c'est le cercle.
Nous nous contenterons d'indiquer que certaines formules
auxquelles le principe de l'anamorphose ci-dessus indiqué
n'est pas applicable peuvent être, par une autre déformation de l'abaque établi d'après la méthode ordinaire, représentées au moyen d'un abaque sur lequel ne figurent que
des droites et des cercles. Nous en avions rencontré un
exemple assez frappant dans notre première brochure sur
la Nomographie (p. 28). Nous avons, depuis lors, donné
une théorie complète de cette anamorphose spéciale (*T. N.*,
p. 113, et *E. S.*, p. 18).

Desiderata à réaliser dans l'établissement des nomogrammes.

Les divers artifices qui viennent d'être indiqués tendent
à *simplifier la construction des abaques, non à modifier leur
emploi*. Que l'abaque ne porte que des droites ou qu'il
porte à la fois des droites et d'autres courbes, la manière de

s'en servir est toujours la même : on a sur un Tableau trois
systèmes de lignes cotées; dans l'un de ces systèmes, on
prend la ligne ayant pour cote la valeur de la donnée correspondante, dans un autre, la ligne ayant pour cote la
seconde donnée, et on lit la cote de la ligne du troisième
système passant par le point de rencontre des deux premières; cette cote est précisément la valeur de l'inconnue
cherchée.

Or, l'entrecroisement de ces trois systèmes de lignes offre
parfois à l'œil quelque confusion et fatigue assez vite la vue.
Il faut suivre avec soin chacune des trois lignes conver-
gentes dont il vient d'être question pour aller lire sa cote
et, lorsque les lignes d'un même système sont très rapprochées ou se coupent d'un système à l'autre sous des angles
assez petits, on peut être exposé à des erreurs. Enfin l'interpolation à vue exige une attention assez méticuleuse.

Arrêtons-nous un instant sur ce point qui est pratiquement d'une haute importance.

Le problème de l'interpolation à vue est celui qui consiste à intercaler *par la pensée* entre les éléments cotés qui
figurent sur un abaque les éléments répondant à certaines
valeurs intermédiaires, afin d'étendre l'usage de l'abaque à
un nombre de valeurs des données ou du résultat, supérieur
à celui des valeurs qui y sont réellement inscrites.

Supposons d'abord que l'interpolation ne porte que sur
le résultat. Reportons-nous, par exemple, à la figure 51, et
cherchons, au moyen de cet abaque, à effectuer le produit
de 6 par 7. Nous voyons que le point de rencontre de l'horizontale 6 et de la verticale 7 tombe entre la courbe 40 et
la courbe 45, vers le milieu de l'intervalle de ces courbes,
mais cependant un peu plus près de la première que de la
seconde. Nous sommes ainsi amenés à prendre pour résultat 42. (Il va sans dire que jamais, dans un cas comme

celui-ci, on n'aurait à recourir à un abaque, mais cet exemple est de nature à faire saisir nettement en quoi consiste l'interpolation à vue.)

Passons au cas plus compliqué où l'interpolation porte également sur les données. Supposons que nous ayons, par exemple, à effectuer le produit de 3,5 par 5,5. Si, par la pensée, nous nous figurons, sur l'abaque, l'horizontale correspondant à 3,5 et la verticale correspondant à 5,5, nous voyons que leur point de rencontre tombe très près de la courbe cotée 20 et nous prenons comme résultat approché 19. Exactement 3,5 × 5,5 = 19,25.

On voit donc qu'il est possible, à un certain degré d'approximation qui dépend de l'habileté du lecteur, d'obtenir, au moyen de l'abaque, le résultat de la formule représentée pour des valeurs intermédiaires entre celles qui s'y trouvent cotées. Cette interpolation à vue se fait d'ailleurs, en quelque sorte, inconsciemment, se traduisant bien vite par une simple habitude de l'œil.

Un lecteur exercé peut arriver ainsi à apprécier le $\frac{1}{10}$ de l'intervalle entre les valeurs cotées sur le Tableau. L'effort qu'il y faut faire n'est, à la vérité, pas bien grand. Il peut cependant, lorsqu'il est répété un grand nombre de fois consécutives, provoquer une certaine fatigue, l'œil devant suivre, au milieu de l'entrecroisement de lignes qui s'offre à lui, la trace de trois lignes à intercaler entre celles-ci, deux de ces lignes correspondant à l'interpolation sur les données, la troisième à l'interpolation sur le résultat.

Et l'attention qu'il y faut apporter doit être d'autant plus soutenue que les cotes des courbes limitant l'espace à l'intérieur duquel se ferait la rencontre des courbes interpolées par l'imagination entre celles-ci, peuvent se trouver assez éloignées de cet espace.

L'interpolation à vue ainsi pratiquée comporte, il est aisé

de s'en rendre compte, une plus grande difficulté que celle qui consiste simplement à apprécier sur une échelle gra duée (droite ou courbe, d'ailleurs) la cote d'un point pris entre deux traits de division cotés.

On conçoit l'intérêt qu'il y a à s'affranchir de cet incon- vénient chaque fois que faire se peut.

Il sera très désirable, en particulier, lorsque la chose sera possible, de réduire l'interpolation à une estimation faite sur une simple échelle graduée, ainsi qu'on vient de le dire.

Voici, d'autre part, une considération plus grave : tous les abaques que nous avons envisagés jusqu'ici sont relatifs à des formules à deux variables indépendantes, c'est-à-dire équivalents à des Tables à double entrée. Seraient-ils, sans modification, susceptibles de se prêter à un plus grand nombre d'entrées? Nous allons voir que non.

Prenons, en effet, une formule donnant une certaine quantité en fonction de trois autres prises pour variables indépendantes x, y, z. Si nous donnons à l'une de celles-ci, z, par exemple, une certaine valeur fixe, nous sommes réduits à une formule à deux entrées, x et y, dont nous pouvons construire l'abaque ainsi qu'il a été dit précédem- ment. Pour chaque valeur attribuée à z nous aurons un abaque analogue. La superposition de ces divers abaques produirait un tel enchevêtrement qu'elle serait matérielle- ment irréalisable. On devrait donc se résigner à former un atlas de tous ces abaques répondant aux valeurs successives de z, et l'on retomberait ainsi sur l'inconvénient déjà signalé pour les Tables à double entrée.

On pourra, il est vrai, tourner la difficulté dans certains cas. Si, par exemple, d'un abaque à l'autre de la série, il n'y a de différence que dans la position de l'un des systèmes de lignes cotées, on pourra dessiner celui-ci sur un trans- parent qu'on appliquera sur le plan où seront figurés les deux autres en même temps que certains indices propres à permettre de placer, dans chaque cas, le transparent dans la position correspondant à la valeur choisie pour la troisième variable indépendante. M. Massau, notamment, a rencontré des exemples d'application de ce principe, mais l'usage qu'on en peut faire est assez limité.

Sans donc méconnaître la valeur des méthodes précédentes, on peut se rendre compte, par ce qui vient d'être dit, de l'intérêt qu'il y a à posséder d'autres méthodes affranchies des inconvénients qui viennent d'être signalés pour les abaques à trois systèmes de lignes cotées réellement tracées, et susceptibles, en outre, de généralisation sur une vaste échelle pour des formules à plus de deux entrées. C'est à ces divers *desiderata* que répondent la méthode publiée en 1886 par M. Lallemand, ainsi que, à un bien plus haut degré de généralité, celle que nous avons fait connaître pour notre part dès 1884. En nous efforçant d'être aussi bref que possible, nous allons esquisser les traits généraux de ces méthodes sans entrer dans aucun détail d'ordre purement mathématique.

Les abaques hexagonaux.

Le point de départ de la méthode de M. Lallemand, dite des *abaques hexagonaux* (¹) (on en verra plus loin la raison), peut être pris comme suit :

Considérons une équation représentable par trois systèmes de droites cotées, parallèles entre elles dans chaque système, et supposons les cotes de chacun de ces systèmes de droites, inscrites sur une échelle perpendiculaire à leur direction.

(¹) Pour les détails de la méthode, voir *T. N.*, Chap. II, § 3.

Nous avons vu plus haut (p. 165) qu'une telle équation est de la forme

$$f_1(\alpha_1) + f_2(\alpha_2) = f_3(\alpha_3)$$

et indiqué les trois échelles $[f_1(\alpha_1)$ sur Ox, $f_2(\alpha_2)$ sur Oy, $\dfrac{f_3(\alpha_3)}{\sqrt{2}}$ sur la bissectrice Oz de $xOy]$ qui définissent respectivement les trois systèmes de droites cotées.

L'ensemble de ces trois échelles suffit à déterminer complètement l'abaque, puisque la droite cotée correspondant à un point quelconque d'une de ces échelles est la perpendiculaire élevée à cette échelle par ce point.

Posons alors sur l'abaque un transparent pourvu de trois axes, ou index, issus d'un même point et respectivement perpendiculaires aux trois échelles. Si nous donnons à ce transparent des déplacements quelconques, pourvu que nous lui conservions la *même orientation,* nous voyons que

Fig. 56.

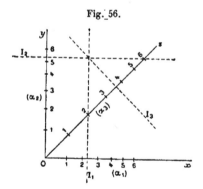

ses trois index coïncideront toujours avec trois droites prises respectivement dans chacun des systèmes, et ayant pour cotes celles qui sont inscrites sur les échelles aux points où les rencontrent les index.

Il est, par suite, inutile de conserver les droites cotées

tracées sur l'abaque; effaçons-les et ne conservons que les échelles correspondantes (*fig.* 56). Nous voyons que le mode d'emploi de l'abaque sera alors le suivant : *le transparent étant orienté de façon que ses trois index soient perpendiculaires aux trois échelles de l'abaque, déplaçons-le de façon que les deux index perpendiculaires aux échelles des données passent par les points de ces échelles ayant pour cotes les valeurs de ces données; le troisième axe coupe alors la troisième échelle en un point dont la cote fait connaître la valeur de l'inconnue.* Par exemple, sur la figure 56, pour

$$\alpha_1 = 2,3 \quad \text{et} \quad \alpha_2 = 5,3,$$

on a

$$\alpha_3 = 3,6.$$

Il est clair que les inconvénients signalés tout à l'heure ont disparu : plus d'enchevêtrement de lignes cotées, puisque celles-ci ont été effacées et qu'il ne reste que trois simples échelles; plus de crainte d'erreur dans la lecture des cotes, puisque celles-ci sont données par les index mêmes du transparent sur les échelles correspondantes; enfin, bien plus grande facilité d'interpolation à vue, celle-ci se faisant sur l'échelle même pour chacune des variables sans qu'il y ait besoin, comme précédemment, de se figurer par la pensée des lignes cotées non tracées, intercalées entre celles figurant sur l'abaque.

Mais ce ne sont pas là les seuls avantages de cet artifice. On voit, en effet, que chaque échelle peut, sans inconvénient, être déplacée suivant la direction de l'index correspondant du transparent. On peut également couper les échelles en trois points se correspondant sous les index de l'indicateur et reporter les fragments limités à ces trois points dans une autre position en conservant seulement leurs directions primitives et faisant en sorte que leurs origines se trouvent

toujours simultanément sous les index de l'indicateur. Cette
faculté de fractionner et de déplacer les échelles est pré-
cieuse pour permettre de réduire les dimensions d'un abaque
donné.

Quant à l'orientation fixe de l'indicateur, elle s'obtient au
moyen de traits marqués sur l'abaque et donnant la direction que doit avoir l'un des index de l'indicateur.

Nous venons de voir que les trois échelles $(\alpha_1), (\alpha_2), (\alpha_3)$
sont définies respectivement par $f_1(\alpha_1),\ f_2(\alpha_2)$ et $\dfrac{f_3(\alpha_3)}{\sqrt{2}}$.
Pour qu'elles le soient par $f_1(\alpha_1),\ f_2(\alpha_2),\ f_3(\alpha_3)$, il suffit,
comme l'a d'abord remarqué Lallemand et comme il est
facile de le vérifier géométriquement, de prendre des axes
Ox et Oy à 120°. Leur bissectrice Oz étant alors inclinée
à 60° sur chacun d'eux, on voit que, dans ce cas, les échelles

Fig. 57.

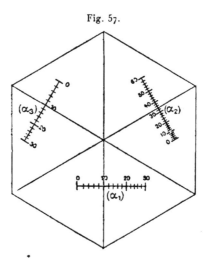

$(\alpha_1), (\alpha_2), (\alpha_3)$ (*fig.* 57), qu'on peut d'ailleurs déplacer respectivement dans la direction des trois index, ainsi qu'il
vient d'être dit, sont parallèles aux trois côtés d'un triangle

équilatéral et que les trois index du transparent forment les trois diagonales d'un hexagone régulier, d'où le nom d'*abaque hexagonal*.

Voici, à titre d'exemple, dans ce système, l'abaque de la multiplication (*fig.* 58), réduit en dimension par fraction-

Fig. 58.

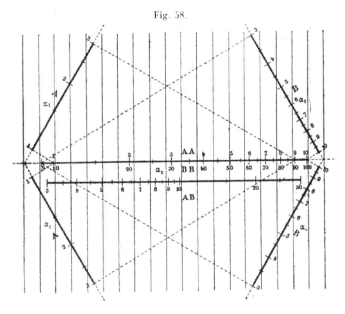

nement des échelles. Si les deux facteurs sont pris sur l'une et l'autre échelles inclinées A, le produit se lit sur l'échelle horizontale AA; s'ils sont pris sur l'une et l'autre échelles B, le produit se lit sur l'échelle BB; si l'un est pris sur une échelle A, l'autre sur une échelle B, le produit se lit sur l'échelle AB.

Si le transparent offre une certaine consistance, par exemple, s'il est fait en celluloïd, et s'il présente des bords parallèles aux index qui y sont tracés, on n'a, après avoir mis un de ces index en coïncidence avec un des traits de direction dont il vient d'être parlé, qu'à imprimer au transparent des déplacements guidés par une règle le long de laquelle on le fait glisser, ainsi qu'une équerre, pour l'amener dans la position voulue. On peut aussi, si les traits de direction sont suffisamment rapprochés, assurer à simple vue l'orientation de ce transparent.

Reste à voir comment la méthode des abaques hexagonaux se prête à la représentation graphique de certaines formules à plus de deux entrées.

Supposons que nous accolions à chacune des échelles d'un abaque hexagonal un cadre renfermant deux systèmes

Fig. 59.

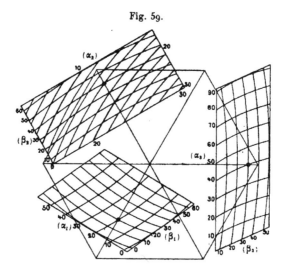

de lignes cotées (*fig.* 59). Nous donnerons à un tel ensemble le nom d'*échelle binaire*. La position de chaque index du transparent, qui était tout à l'heure liée à une seule cote (celle du point où cet axe coupait l'échelle correspondante) va maintenant l'être à deux cotes. Il faudra, en effet, pour déterminer un point de cet axe à l'intérieur de l'échelle binaire correspondante, connaître les cotes des deux lignes, une de chaque système, qui se croisent en ce point. On établira donc dans ce cas, par le fait de l'application du transparent sur l'abaque, une liaison non plus entre trois, mais entre six variables; on aura, en d'autres termes, la représentation d'une formule à cinq entrées. Deux des données détermineront un point dans une des échelles binaires, deux autres un autre point dans une seconde échelle; on fera respectivement passer deux des index du transparent par ces points; le troisième index ira couper, dans la troisième échelle binaire, la ligne cotée correspondant à la cinquième donnée, en un certain point. La cote de la ligne du second système passant en ce point fera connaître la valeur de l'inconnue. Par exemple, sur la figure 59, pour

$$\alpha_1 = 20, \quad \beta_1 = 20, \quad \alpha_2 = 16, \quad \beta_2 = 40, \quad \alpha_3 = 40,$$

on a

$$\beta_3 = 30.$$

Nous avons supposé que nous remplacions les trois échelles linéaires de l'abaque hexagonal primitif par trois échelles binaires, mais cette substitution aurait aussi bien pu n'être faite que pour deux ou même que pour une échelle. Nous aurions eu ainsi la représentation de formules à quatre ou à trois entrées. -

Mais la généralisation peut être encore poussée plus loin. On conçoit, en effet, que la troisième échelle binaire sur laquelle nous avons précédemment lu le résultat soit prise à son tour comme première échelle d'un second abaque hexagonal qui pourra être dessiné sur la même feuille que le premier et dans lequel nous n'aurons à passer que par un nouveau déplacement de l'indicateur. En répétant plusieurs fois cette opération, on pourra multiplier *ad libitum* les entrées de la formule à représenter.

, Cette indication, pour un peu vague qu'elle soit, suffira, sans doute, à faire pressentir tout le parti qu'on peut tirer de la méthode de M. Lallemand, dont on ne saurait d'ailleurs acquérir la pleine compréhension que lorsqu'elle est présentée sous une forme purement mathématique.

Cette méthode suppose, ainsi que nous l'avons vu, la répartition des diverses variables figurant dans la formule, en groupes de deux combinés par voie d'addition ([1]). Une telle répartition n'est pas toujours réalisée, mais elle est très fréquente dans la pratique. Aussi la méthode des abaques hexagonaux est-elle féconde en applications. M. Lallemand, qui dirige le Service du Nivellement général de la France, a eu notamment occasion de l'utiliser dans une très large mesure pour les besoins de ce service, où elle a permis de réduire à une besogne insignifiante l'exécution des nombreux calculs qui doivent s'y effectuer journellement et qui absorbaient auparavant tout le temps de certains employés. Il a d'ailleurs été admirablement secondé, dans ces applications, par le chef de bureau du service (aujourd'hui faisant fonction d'ingénieur), M. Prévot, à qui il s'est notamment déclaré redevable de l'idée première des échelles binaires ([2]).

([1]) Par combinaison du principe des abaques hexagonaux avec celui de la multiplication graphique, pris sous une forme appropriée (*T. N.*, p. 352; *E. S.*, p. 9), M. Lallemand a pu représenter des équations formées par sommation de produits de fonctions de deux variables.

([2]) Bien qu'elle ne se rattache en aucune façon aux abaques hexagonaux, ce serait ici le lieu de parler de la méthode des *images logarithmiques* de M. Mehmke, qui utilise aussi un transparent d'orientation constante, portant non pas trois index rectilignes, mais deux tels index, plus une ou plusieurs courbes convenablement déterminées, dont les déplacements équivalent à l'existence d'un système de courbes algébriques fixes dépendant de deux ou trois paramètres, et, par conséquent, non représentables *simultanément* sur un plan. Mais comme cette théorie, fort intéressante et d'où son auteur a tiré une ingénieuse méthode de résolution nomographique des équations, ne saurait être présentée sans le secours d'une notation mathématique assez compliquée, nous nous bornons ici à la signaler en renvoyant le lecteur que le sujet intéresse à l'exposé que nous en avons donné ailleurs (*T. N.*, p. 376; *E. S.*, p. 27 et 58).

Les nomogrammes à points alignés (¹).

L'artifice de l'indicateur transparent hexagonal ne saurait être utilisé lorsqu'il ne s'agit plus d'un abaque à trois systèmes de *droites parallèles*.

Il est pourtant plus désirable encore, dans le cas de trois systèmes de droites *quelconques* [tels qu'en fait naître l'application de l'anamorphose généralisée (p. 164)], de réaliser le *desideratum* formulé plus haut (p. 168) touchant la substitution à des lignes cotées de simples points cotés.

Ce *desideratum* se trouve comblé par la *méthode des points alignés,* que nous avons fait connaître en 1884 (²) et que nous allons essayer d'esquisser en quelques mots.

La Géométrie nous apprend qu'on peut, de diverses manières, étant donnée une certaine figure, en construire une autre telle qu'à toute droite de la première corresponde un point dans la seconde, telle en outre que, si plusieurs droites de la première se coupent en un même point, c'est-à-dire sont concourantes, les points correspondant à ces droites dans la seconde soient distribués sur une même droite, c'est-à-dire soient alignés.

Deux figures se correspondant suivant un tel mode sont dites *corrélatives.*

Prenons dès lors un abaque à trois systèmes de droites cotées et considérons sa figure corrélative en affectant les points obtenus des mêmes cotes que les droites correspondantes. A chaque système de droites cotées va correspondre une suite de points cotés, distribués sur une certaine ligne. Au lieu donc de ces trois systèmes de droites s'enchevêtrant les uns dans les autres, nous n'aurons que trois

---

(¹) Primitivement dits *abaques à points isoplèthes.* C'est ici un cas où l'usage du mot *abaque* n'est étymologiquement pas justifié.

(²) *Voir* la Note (¹), p. 150.

D'O.

échelles, droites ou courbes, parfaitement distinctes les unes des autres (*fig.* 60).

Sur le premier Tableau, les droites répondant aux données

Fig. 60.

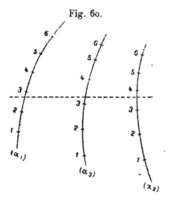

et celle répondant à l'inconnue concouraient en un même point. Les points correspondants sur le second Tableau seront donc alignés, et l'on voit à quoi se réduira le mode d'emploi du nomogramme : *joindre par une droite les points ayant pour cotes les valeurs des données sur les échelles correspondantes et lire la cote du point où cette droite vient couper la troisième échelle.* Ainsi, sur la figure 60, pour

$$\alpha_1 = 2,7, \qquad \alpha_2 = 3,6.$$

on a

$$\alpha_3 = 3,3.$$

Voici, par exemple, le nomogramme de la multiplication (*fig.* 61), construit dans ce système de représentation. Il se compose simplement de trois échelles logarithmiques parallèles, celle du milieu ayant des divisions égales à la moitié des divisions correspondantes des deux autres ([1]).

([1]) A cette occasion, nous signalerons le fait que, lorsqu'on applique la méthode des points alignés aux équations susceptibles d'être traduites en abaques hexagonaux, on obtient, dans les deux cas, des solutions essentiellement différentes. *Comparer,* par exemple, les figures 58 et 61.

Le mode d'emploi de ces nomogrammes est des plus simples, puisqu'il se borne à la constatation de l'alignement

Fig. 61.

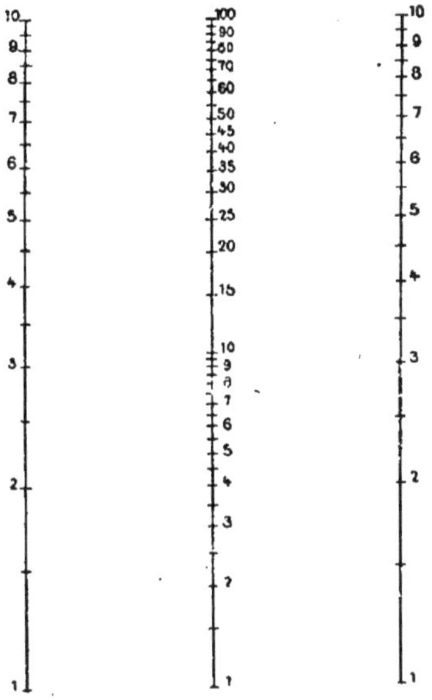

de trois points. Afin de n'avoir pas à tracer effectivement de droite, on pourra soit tendre sur le Tableau un fil suffisamment fin, soit y appliquer un transparent sur lequel on aura marqué un trait rectiligne.

Il est utile de prévenir ici une fausse appréciation qui peut s'offrir au premier abord avec une certaine apparence de logique. On est, en effet, tenté de considérer que le fait d'avoir à placer une droite sur le Tableau, pour faire la lecture, constitue à l'actif de la méthode des points alignés une petite complication par rapport à la méthode corrélative des droites concourantes. C'est plutôt le contraire. Pour faire la lecture sur un abaque ordinaire, on doit en réalité suivre du doigt chacune des lignes cotées (effectivement

tracées ou intercalées par la pensée) correspondant aux
données, depuis la cote de chacune d'elles jusqu'en leur
point de rencontre, et, de même, la ligne cotée correspondant au résultat, qui concourt avec elles, depuis ce point
de rencontre jusqu'en celui où est inscrite sa cote. Cette
petite opération est plus minutieuse et plus longue, surtout plus sujette à erreur, que celle qui consiste à tendre
une droite entre deux points cotés et à lire la cote du point
où cette droite vient couper une courbe graduée.

A cette netteté de la lecture, il faut ajouter la facilité de
l'interpolation exécutée ici entre les points de division
d'une échelle au lieu de l'être entre les lignes d'un système coté.

Lorsque, pour une valeur fixe attribuée à une des
données, on désire connaître les valeurs de l'inconnue
répondant à une série de valeurs de la seconde donnée,
ce qui est un cas fréquent dans la pratique, il suffit, pour
avoir immédiatement tous ces résultats, de faire simplement pivoter la droite indicatrice autour du point correspondant à la donnée fixe.

Il convient maintenant d'indiquer brièvement comment
a pu être effectivement réalisée l'idée de principe qui vient
d'être exposée.

Il était nécessaire, pour cela, d'adopter un genre de corrélation aussi simple que possible. Ce genre de corrélation
nous a été, à l'origine, tout naturellement fourni par la
considération de certaines coordonnées, dites *parallèles*,
dont nous nous étions spécialement occupé (¹).

(¹) *Coordonnées parallèles et axiales* (Paris, 1885). Ce Mémoire était
extrait des *Nouvelles Annales de Mathématiques* où il avait été publié en 1884,
en même temps que paraissait sur le même sujet l'Ouvrage de M. K. Schwering :
Theorie und Anwendung der Liniencoordinaten (Leipzig, 1884). L'idée première de ces coordonnées semble revenir à Chasles (*Correspondance de Qué-
telet*, t. VI, p. 81).

Il peut se définir dans un langage géométrique tellement simple qu'il semble possible de l'indiquer ici (*fig.* 62).

Fig. 62.

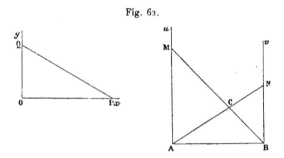

On choisit sur le premier Tableau deux axes rectangulaires quelconques Ox et Oy, et sur le second deux axes parallèles Au et Bv. Si une droite du premier Tableau coupe Ox en P et Oy en Q, on porte, en tenant compte du signe, sur Au le segment AM égal à OP et sur Bv le segment BN égal à OQ. Le point de rencontre C des droites BM et AN est, sur le second Tableau, le corrélatif de la droite BQ.

On peut, par ce moyen, *traduire* en quelque sorte un abaque donné à droites concourantes pour avoir le nomogramme correspondant à points alignés.

En voici un exemple caractéristique (*fig.* 63 et 63 *bis*) : La figure 63 représente un fragment d'une *Table graphique pour l'arpentage des coupes,* dressée par M. Théry, professeur à l'École forestière. La figure 63 *bis* est la traduction de cette Table dans le système des points alignés. Un coup d'œil suffit pour attester la supériorité de la seconde disposition par rapport à la première sous le double rapport de la netteté et de la facilité de l'interpolation à vue.

Mais il n'est nullement nécessaire, lorsqu'on a reconnu qu'une formule peut donner lieu à un abaque à droites concourantes, de construire d'abord celui-ci pour le transformer ensuite, par le procédé qui vient d'être indiqué, en nomogramme à points alignés. Ce dernier peut très aisément

Fig. 63.

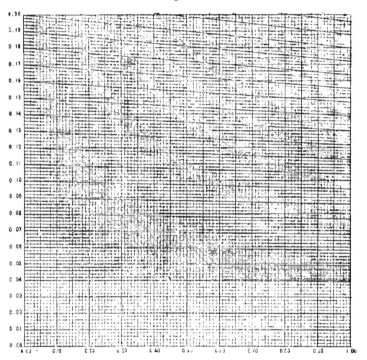

être obtenu par un procédé direct ([1]) que nous nous contentons de mentionner ici, attendu qu'il appartient à la ca-

---

([1]) *T. N.*, Chap. III. Nous prendrons la liberté de signaler ici l'emploi que nous avons fait de la transformation homographique la plus générale pour amener un nomogramme à points alignés à la meilleure disposition pratique possible (*loc. cit.*, p. 135) et, comme exemple particulièrement caractéristique de cet emploi, celui qui se réfère au calcul des murs de soutènement (*loc. cit.*, p. 198).

tégorie des considérations d'ordre purement mathématique qui n'ont pas leur place dans le présent exposé.

Nous arrivons à l'extension de la méthode des points ali-

Fig. 63 *bis.*

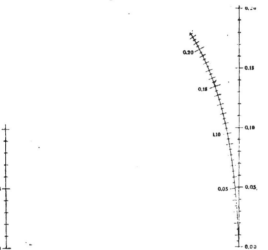

gnés au cas de plus de deux entrées. Elle s'obtient par le remplacement sur un nomogramme à points alignés d'une ou de plusieurs courbes graduées par autant de réseaux formés de deux systèmes de courbes cotées. Chaque point pris dans un tel réseau dépend de deux quantités (les cotes des deux courbes qui s'y rencontrent); il sera dit, pour cette raison, *à deux cotes.*

En substituant, sur le Tableau, un système de points à deux cotes à un système de points à une cote, on y introduit une entrée de plus. De là, le moyen d'avoir des nomogrammes à trois, quatre ou cinq entrées.

La figure 64 montre, sous forme schématique, la disposition d'un nomogramme constitué par deux systèmes de points à une cote et un système de points à deux cotes, c'est-à-dire d'un nomogramme à trois entrées.

Pour s'en servir, il suffit de joindre par une droite les points correspondant aux deux premières données lues sur les échelles correspondantes, de prendre le point de rencontre de cette droite avec la courbe cotée au moyen de la

Fig. 64.

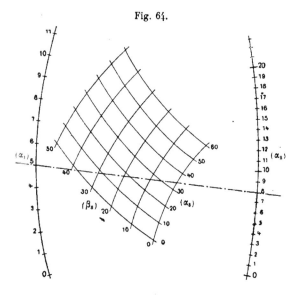

valeur de la troisième donnée et de lire la cote de la courbe du second système passant par ce point. Cette cote fait connaître la valeur de l'inconnue. Par exemple, sur la figure 64, pour

$$\alpha_1 = 5, \qquad \alpha_2 = 8, \qquad \alpha_3 = 10,$$

on a

$$\beta_3 = 28.$$

Est-il besoin de répéter ici encore que, grâce au secours de la Géométrie analytique, on peut aisément faire la détermination directe des points distribués sur les diverses courbes qui figurent sur ces Tableaux ([1])?

La figure 65 représente le premier exemple que nous ayons donné de la méthode des points alignés dans le cas de trois entrées. Il se rapporte à l'équation complète du 3⁰ degré ([2])

$$z^3 + nz^2 + pz + q = 0.$$

Sur ce nomogramme aux variables p et q correspondent respectivement deux échelles rectilignes parallèles, à la variable n un système de courbes cotées, à la variable z un système de droites cotées parallèles aux deux premières échelles. Dès lors, si l'on se donne les valeurs de n, p et q, il suffit, pour résoudre l'équation, de tendre une droite entre les points cotés p et q dans les échelles correspondantes et de lire les cotes des parallèles aux échelles, passant par les points où cette droite coupe la courbe cotée n ([3]).

Les positions de l'index marquées en pointillé sur la figure

([1]) Au point de vue mathématique, il est capital de remarquer que la méthode des points alignés est la première qui ait permis d'utiliser, dans les représentations nomographiques, des éléments à deux cotes, *tous distincts* et non pas *condensés* comme le sont, par exemple, les systèmes de droites à deux cotes définies par les échelles binaires (positions successives de l'index correspondant du transparent), chacune de ces droites répondant à une infinité de couples de cotes. *Voir*, à ce propos, notre Note *sur quelques principes élémentaires de Nomographie* (*Bull. des Sc. math.*, 1900, p. 288 à 291), ainsi que *E. S.*, nⁱˢ 2 et 10.

([2]) Pour la résolution, par cette méthode, des équations de degré supérieur, *voir* notre Note déjà citée *sur quelques principes élémentaires de Nomographie* (§ 3). Cette méthode, moyennant l'emploi de certaines transformations, s'étend, pour une équation *quelconque*, jusqu'au 7⁰ degré (*C. R.*, 2⁰ sem. 1900, p. 522).

([3]) A la vérité, le nomogramme tel qu'il est construit ne donne que les racines *positives* de l'équation, mais les racines *négatives* sont données en valeur absolue par les racines positives de l'équation obtenue en changeant dans la proposée z en $-z$, ce qui revient, tout en conservant la même valeur pour p, à changer n en $-n$ et q en $-q$.

Fig. 65.

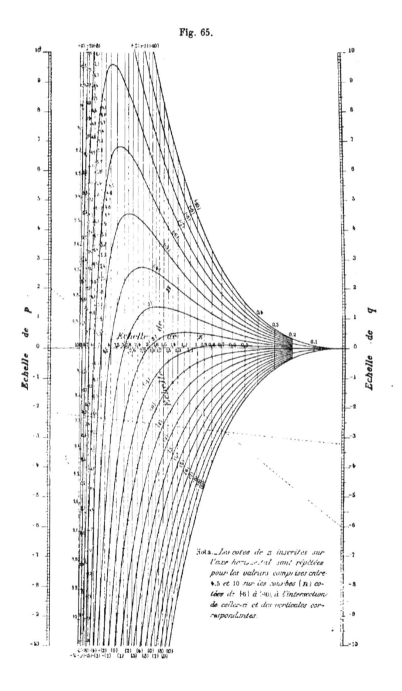

Nota.—Les cotes de z inscrites sur
l'axe horizontal sont répétées
pour les valeurs comprises entre
4,5 et 10 sur les courbes (n) cotées de (8) à (40), à l'intersection
de celles-ci et des verticales correspondantes.

correspondent respectivement aux équations

$$z^3 + 2z - 6 = 0 \quad \text{et} \quad z^3 + z^2 - 2,16z - 3,2 = 0,$$

pour lesquelles on a

$$z = 1,46 \quad z = 1,6.$$

Cet exemple rend plus sensible la remarque faite plus haut (p. 146) au sujet de l'avantage qu'offrent les nomogrammes sous le rapport du calcul des quantités définies implicitement (et non explicitement) en fonction des données, comme z l'est ci-dessus en fonction de n, p, q.

Outre qu'on ne saurait sur une seule Table numérique faire figurer à la fois les trois entrées n, p, q, il serait nécessaire, si l'on voulait numériquement déterminer les valeurs de z pour toutes les valeurs de n, p, q comprises entre certaines limites, de se livrer pour chaque état du système n, p, q à des calculs laborieux.

Avec le nomogramme, rien de semblable ; les échelles (p) et (q), les parallèles (z), le système des courbes (n) se construisent *individuellement,* indépendamment les uns des autres. C'est, au moment même où on en a besoin, la simple application de la droite indicatrice sur le Tableau qui, par la relation de position qu'elle établit entre les éléments cotés respectivement au moyen des valeurs de n, p, q, z, *résout* en fait l'équation proposée.

Ajoutons que la méthode des points alignés a reçu d'importantes extensions dans des directions diverses, notamment par la méthode des *parallèles mobiles* de M. Beghin ([1]), par celle des *transversales quelconques* de M. Goedseels ([2]), enfin et surtout par celle du *double alignement,* que nous

---

([1]) *T. N.*, p. 241.
([2]) *T. N.*, p. 235.

avons proposée nous-même (¹), et qui a été reprise et développée depuis lors par M. Soreau dans l'important Mémoire cité plus haut (²), où il en a fait d'intéressantes applications (³).

La méthode des points alignés s'est montrée particulièrement fertile dans la pratique.

Entre la brochure de 1891, où elle était déjà exposée avec toute sa généralité, et le Traité de 1899, où elle était creusée dans ses moindres détails, d'assez nombreuses applications en avaient déjà été faites, qui, jointes à celles de l'auteur (⁴), ont pu figurer à titre d'exemples dans ce Traité. Rappelons notamment celles qui sont dues à MM. Beghin [*Vitesse des trains* (*T. N.*, p. 203)], le commandant du génie Bertrand (⁵) [*Distributions d'eau* (*T. N.*, p. 159)], Dariès [*Écoulement de l'eau dans les tuyaux* (*T. N.*, p. 249)], le capitaine Goedseels, de l'armée belge [*Marche des troupes en colonnes* (*T. N.*,

---

(¹) *T. N.*, Chap. III, § 5, A. — *E. S.*, p. 54.

(²) Note (³) de la page 151. Nous avons eu, en cours d'impression de cet Ouvrage, connaissance d'un travail encore inédit de M. J. Clark, Professeur à l'École Polytechnique du Caire, où nous avons trouvé les premiers exemples pratiques d'application de la méthode du double alignement dans le cas d'une *ligne de pivots curviligne* (*T. N.*, p. 215). Le même travail renferme des développements analytiques du plus haut intérêt sur les équations représentables en points alignés avec des *échelles de degré supérieur au premier*.

(³) Il y a lieu de signaler aussi l'extension proposée par M. Mehmke de la méthode des points alignés à l'espace (*points coplanaires*), méthode dont il a même donné une ingénieuse application (*T. N.*, p. 350), et à laquelle, suivant la remarque de M. Soreau (*E. S.*, p. 56), la méthode du double alignement peut être rattachée comme cas particulier. Nous citerons enfin un type de nomogramme présenté par M. Fürle, sur lequel l'indicatrice est constituée par une ligne polygonale déformable (*Sitzuntber. der berliner math. Gesellsch.*, 1903, p. 26).

(⁴) A propos de celle d'entre elles relative à la résolution des triangles sphériques quelconques, *voir* la Note insérée dans le *Bulletin de la Soc. math. de France*, 1904, p. 196.

(⁵) C'est à cette occasion que le commandant (aujourd'hui lieutenant-colonel) Bertrand a formulé son ingénieuse remarque sur la composition des échelles parallèles.

p. 153)], Gorrieri [*Sections résistantes des travées associées* (*T. N.*, p. 191 et 192)], le capitaine d'artillerie Lafay [*Tir des pièces de siège* (*T. N.*, p. 206)], le colonel Langensheld, de l'artillerie russe [*Tir des mortiers de côte* (*T. N.*, p. 206)], le lieutenant Mandl, du génie autrichien [*Poutres uniformément chargées* (*T. N.*, p. 222)], Pesci [*Cinématique navale* (*T. N.*, p. 320); *Jaugeage des tonneaux* (*T. N.*, p. 228)], Pillet [*Poutres des grands ponts* (*T. N.*, p. 192)], Prévot [*Nivellement barométrique* (*T. N.*, p. 228)], Rateau [*Consommation des machines à vapeur* (*T. N.*, p. 207)], etc.

Depuis la publication du Traité de 1899, les applications de la méthode des points alignés se sont multipliées sur une très vaste échelle. Nombre de ces applications ont même été utilisées par leurs auteurs sans faire l'objet d'aucune publication. Nous ne saurions songer à en dresser ici la liste. Nous tenons toutefois à signaler certains ensembles d'applications qui, par leur ampleur, méritent une mention spéciale : tels sont ceux qui se rencontrent dans l'important Mémoire déjà cité de M. Soreau; dans le *Manuale del Tiro* (¹) du capitaine de frégate Ronca, de la marine italienne (composé, pour la partie nomographique, avec le concours du professeur Pesci), que complète un admirable atlas de nomogrammes de grande dimension; dans la *Nomografia balistica* (²) du général Ollero, de l'artillerie espagnole; dans le Mémoire présenté par M. F.-J. Vaes à la Section de Mécanique de l'Institut Royal des Ingénieurs hollandais, qui contient un grand nombre d'applications

---

(¹) Livourne, 1901. C'est à titre d'appendice à cet Ouvrage que M. G. Pesci a composé ses *Cenni di Nomografia*, cités plus haut. Le savant professeur a donné, de son côté, d'intéressantes applications de la méthode des points alignés.

(²) Ségovie, 1903. Pour les applications à la Balistique, rappelons les travaux déjà cités du capitaine Lafay et du colonel Langensheld. D'autres, très importantes, encore inédites, sont dues au capitaine Chauchat.

fort importantes relatives à l'art de l'ingénieur-mécani-
cien (¹); dans celui de M. René Poussin : *Sur l'application
des procédés graphiques aux calculs d'assurances,* présenté
comme thèse à l'*Institut des Actuaires français* (²). Nous
tenons enfin à citer tout un ensemble d'applications (encore
inédites au moment où sont écrites ces lignes, bien qu'utilisées déjà depuis quelque temps) relatives aux calculs
nautiques, et qui ont été établies avec une grande élégance
par M. le lieutenant de vaisseau Perret (³).

Tels sont les avantages pratiques de la méthode des points
alignés que le capitaine Lafay s'est proposé d'y ramener, au
moins approximativement entre des limites déterminées,
une équation *quelconque* à trois variables. La méthode graphique qu'il a imaginée à cet effet (⁴) est des plus ingé-

---

(¹) *Technische Rekenplaten [Jaarverslag XVII* (1903-1904) *van de Ver-
gadering van het koninklijk Instituut van Ingenieurs;* Gouda; 24 février
1904]. Dans le même ordre d'idées, une mention spéciale doit être donnée aussi
au nomogramme à points alignés construit pour le calcul des turbines à vapeur
par M. R. Proell et décrit sous le titre : *Thermodynamische Rechentafel für
Dampfturbinen (Zeitschr. des ver. deutscher Ingenieure,* t. XLVIII, 1904,
p. 1418).

(²) Paris, Dulac, 1904. Dans cet important travail M. Poussin envisage les
diverses applications du calcul graphique proprement dit et du calcul nomographique aux calculs d'assurances. Les exemples d'utilisation de la méthode
des points alignés y sont particulièrement nombreux.

(³) On sait que les calculs nautiques exigent le secours permanent de
Tables dont les plus importantes sont celles de Friocourt, Perrin et Souilla-
gouët. MM. les Ingénieurs hydrographes Favé et Rollet de l'Isle ont proposé
aussi pour la détermination du point à la mer un Tableau résultant de la
superposition de deux abaques ordinaires (*T. N.*, p. 250). M. Perret s'est
donné la mission de remplacer un grand nombre de Tables auxiliaires, en
usage dans la Marine, par de simples nomogrammes à points alignés. Les
premiers résultats qu'il a obtenus dans cette voie ont été réunis en un
Mémoire, inséré aux *Annales hydrographiques* (1904), qui n'est qu'un ache-
minement vers un Ouvrage plus complet en voie de préparation. Le nomogramme de l'azimut, permettant la rectification de la route, a été déjà mis en
essai à bord du transport la *Drôme* où il a donné les résultats les plus satis-
faisants.

(⁴) *Génie civil,* t. XL, 1902, p. 298.

nieuses, et appelée, sans doute, à rendre de très grands services en pratique.

Rappelons enfin que la méthode des points alignés s'est montrée remarquablement apte à mettre en lumière la forme analytique de certaines lois physiques déterminées par l'expérience. A ce propos, la formule de M. Rateau pour la consommation théorique d'une machine à vapeur ([1]) est particulièrement caractéristique ([2]).

Un mot sur la théorie nomographique la plus générale,

Les divers types de nomogrammes que nous avons rapidement passés en revue nous montrent des systèmes de lignes cotées, distribués sur un plan (abaques ordinaires), ou de points cotés distribués sur des lignes fixes (abaques hexagonaux; points alignés) ou mobiles (règles et cercles à calcul), entre lesquels s'établissent certaines relations de position : concours de trois lignes en un même point (abaques ordinaires); alignement de trois points sur une même

---

([1]) *T. N.,* p. 207 à 213.

([2]) Si, sur un nomogramme à points alignés, les données doivent être lues sur deux échelles rectilignes parallèles, et que ces données dépendent de la variation de certains éléments physiques, on pourra faire correspondre à chacune d'elles un point matériel convenablement lié à l'instrument destiné à faire connaître les variations de l'élément physique auquel elle se rapporte. Un fil tendu entre ces points matériels déterminera à chaque instant, sur l'échelle du résultat, la valeur actuelle de ce résultat. Fait bien remarquable, ce principe se trouve réalisé, dès 1873, dans le baromètre absolu de Hans et Hermary (*C. R.,* 2ᵉ sem. 1873, p. 121). Une autre application en a été indiquée par M. Rateau au Congrès de l'Association française pour l'avancement des Sciences, tenu à Pau en 1892. Grâce à l'emploi de cloches flottantes dont le profil est déterminé en conséquence, M. Rateau fait marquer les valeurs des données, sur les échelles rectilignes correspondantes, par les extrémités de tiges rigides entre lesquelles un fil fin est tendu par de petits poids. La rencontre de ce fil et de l'échelle du résultat donne le point dont il suffit de lire la cote. C'est ainsi le phénomène physique, dont les données doivent être soumises à un certain calcul, qui effectue, en quelque sorte, lui-même ce calcul.

droite (points alignés); coïncidence de points cotés d'une
échelle à l'autre (règles et cercles à calcul), etc.

Cette observation, jointe à la notion des éléments à un
nombre quelconque de cotes ([1]), définis au moyen de systèmes cotés ramifiés (tels que celui de la figure 66 qui dé-

Fig. 66.

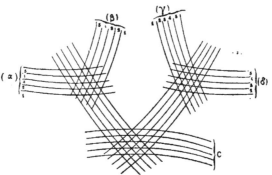

finit les courbes C à quatre cotes α, β, γ, δ), conduit à envi-
sager des modes de représentation nomographique beaucoup plus généraux que l'on peut englober dans l'énoncé
suivant:

*Si l'on considère les cotes d'un système d'éléments géomé-
triques quelconques (points, droites, courbes) comme les valeurs pouvant être attribuées à une variable intervenant
dans une équation, et si les systèmes cotés correspondant
aux diverses variables liées par cette équation coexistent
soit sur un même plan, soit sur divers plans superposés dont
on peut faire varier la position relative, le lien constitué
entre ces variables par l'équation pourra se traduire par*

([1]) *T. N.*, p. 351. — *E. S.*, p. 8.

une relation simple de position entre les éléments cotés cor-
respondants, en sorte que, étant connues les valeurs de
toutes ces variables moins une, on n'aura, pour, avoir celle
de la dernière, qu'à faire une lecture sur le Tableau formé
par l'ensemble des systèmes cotés, en observant la relation
de position qui équivaut à l'équation considérée.

Notons, en passant, que le rapprochement de cet énoncé
et de celui de la page 136 accuse la différence fondamentale
du calcul graphique proprement dit et du calcul nomographique.

Ce n'est pas à dire qu'il existe entre ces deux genres de
calcul une barrière infranchissable. En faisant varier les
éléments qui interviennent dans une construction géométrique, on peut donner naissance à un nomogramme, comme
nous en avons vu plus haut un exemple (p. 157 et 158, *fig.* 52
et 53).

La réciproque n'aura lieu, en revanche, qu'exceptionnel-
lement, attendu, d'une part, qu'il intervient généralement
sur les nomogrammes des lignes autres que la droite ou le
cercle (comme les hyperboles de la figure 51) ou des graduations dérivant de certaines fonctions transcendantes et
plus particulièrement de la fonction logarithmique (comme
sont celles de la figure 54).

Si donc il est possible d'établir quelques ponts d'un domaine à l'autre, il n'en est pas moins vrai qu'ils sont essentiellement distincts et qu'il convient de maintenir à chacun
son autonomie propre ([1]).

([1]) Il est certes bien naturel que l'analogie du but poursuivi, d'une part par
le calcul graphique, de l'autre par le calcul nomographique, les rapproche
parfois dans les programmes d'études des écoles techniques; mais il convient,
pour le bon ordre et la logique, de mettre alors nettement en évidence, comme
nous le faisons ici, la différence de leurs points de vue.

Le problème général de la Nomographie, tel que les termes viennent d'en être posés, est de forme trop vague pour qu'il puisse en être donné une solution précise. En analysant toutefois les diverses manières dont des éléments, cotés ou non, appartenant à un même plan ou à plusieurs plans superposés, peuvent être repérés les uns par rapport aux autres, nous avons réussi à former d'avance, au moins sous forme schématique, et à classer tous les modes *possibles* de représentation nomographique applicables à des équations à un nombre *quelconque* de variables.

Cette théorie générale fait l'objet du Chapitre VI, § I, de notre *Traité de Nomographie*. Elle comporte d'ailleurs une notation spéciale, grâce à laquelle on peut immédiatement déterminer la classe à laquelle appartient un type particulier de nomogramme et donner en même temps une sorte de schéma symbolique de la structure de ce nomogramme.

Le mode de classification que nous avions primitivement adopté conduisait à des groupes parfaitement distincts mais en nombre indéfini.

Nous avons, depuis lors, imaginé un autre mode de classification, uniquement fondé sur la considération de la façon dont interviennent dans le nomogramme les éléments sans cote ou *constants* (tels que la droite indicatrice dans le cas des points alignés, les index du transparent dans celui des abaques hexagonaux, le bord suivant lequel sont mises en contact les deux graduations et l'origine de la graduation de la réglette dans celui de la règle à calcul, etc.), et grâce auquel il nous a été possible de réduire tous les types possibles de nomogrammes à 20 types canoniques (*E. S.*, nᵒˢ 11 et 16). Nous ne saurions ici entrer dans aucun détail à ce sujet, renvoyant le lecteur, si la matière l'intéresse, aux endroits cités ([1]). Mais nous tenions, tout au moins, à signaler l'existence de cette théorie générale grâce à laquelle aucun mode particulier de représentation nomographique ne saurait être imaginé qu'elle n'ait, au moins dans son principe théorique, prévu d'avance et classé.

([1]) Nous avons présenté un exposé aussi élémentaire que possible du principe de cette théorie prise sous sa dernière forme, au Congrès de l'Association française pour l'avancement des Sciences tenu à Angers en 1903 (*Compte rendu du Congrès*, p. 180).

RÉSUMÉ ET CONCLUSIONS.

Arrivé au terme de cette revue des procédés si divers et si nombreux, dérivés de la Mécanique ou de la Géométrie, qui ont été proposés pour suppléer au calcul numérique, on est tenté de se demander si une telle richesse répond bien réellement à une nécessité pratique, si, au contraire, il n'y a pas pléthore, et s'il y avait lieu de tant multiplier les solutions pour un problème en apparence toujours le même.

Nous disons « en apparence ». C'est qu'en effet, les conditions spéciales dans lesquelles se présente ce problème, suivant que l'on se trouve dans tel ou tel cas de la pratique, en modifient profondément l'essence.

S'agit-il, ce qui est le cas dans les établissements financiers, d'effectuer souvent des opérations simples, comme la multiplication et la division, portant sur des nombres composés de beaucoup de chiffres ? L'emploi des machines arithmétiques est alors tout indiqué.

Des opérations de même genre ont-elles à être effectuées seulement d'une manière approchée, sur des nombres ne comprenant que quelques chiffres, ce qui est le cas pour un ingénieur ou un architecte faisant un métré ou établissant un devis ? Les instruments logarithmiques, insuffisants dans le cas précédent, prennent alors, et de beaucoup, l'avantage, tant à cause de leur prix relativement modique que de leur plus grande facilité de maniement.

Lorsqu'un ingénieur, la règle et l'équerre en main, combine les dispositions d'un ouvrage et qu'il cherche à en déterminer les conditions de stabilité et de résistance, il est tout naturellement porté, pour effectuer le calcul des efforts auxquels il s'agit de résister, à employer une méthode com-

portant simplement l'application de certains traits sur
l'épure même qu'il exécute. En pareil cas donc, le tracé
graphique sera généralement préféré à tout autre mode de
calcul.

A-t-on besoin, en vue d'une application technique quelconque, de chercher fréquemment pour des valeurs des
données variant entre de certaines limites, le résultat d'une
formule dont le calcul comporte un nombre plus ou moins
grand d'opérations arithmétiques plus ou moins compliquées ? On est tout naturellement conduit, dans ce cas, à
dresser, une fois pour toutes, le Tableau des résultats de
cette formule entre ces limites, Tableau auquel on donnera,
suivant le cas, la forme d'un barème ou d'un nomogramme,

Le barème devra être utilisé lorsque, avec deux entrées
seulement, on aura besoin de quatre chiffres au moins au
résultat, mais, sauf dans ce cas, pour les multiples raisons
qui ont été dites ([1]) et sur lesquelles il serait inutile de
revenir, le nomogramme devra être préféré.

On peut d'ailleurs, croyons-nous, constater chez les
hommes techniques de toute spécialité une tendance de
plus en plus marquée à recourir aux nomogrammes ou Tableaux graphiques de calculs tout faits. C'est, au surplus,
ici, un domaine où se doit exercer le plus parfait éclectisme,
chacun étant, le cas échéant, libre d'apprécier le procédé le
plus propre à épargner sa peine.

Dans l'arsenal d'outils où il lui est donné de puiser, un
bon ouvrier n'est pas embarrassé de choisir celui qui s'applique le mieux à sa besogne.

([1]) *Voir* p. 145 et 146.

NOTES ANNEXES.

I. — Description et mode d'emploi de la machine arithmétique à mouvement continu de Tchebichef.

DESCRIPTION DE LA MACHINE.

Additionneur. — Dix tambours portant sur leur périphérie la chiffraison de o à 9 trois fois répétée (*fig.* 2) sont mobiles autour d'un même axe à l'intérieur d'un cylindre plein (*fig.* 1) percé, le long

Fig. 1.

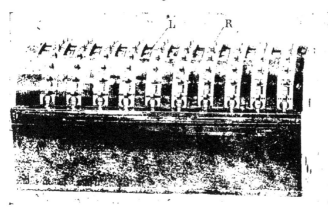

d'une de ses génératrices, de lucarnes L dans lesquelles se lisent, ainsi qu'on le verra plus loin, les différents chiffres du résultat à obtenir.

Dans chacun des intervalles laissés entre ces tambours ainsi qu'à l'extrémité droite de la file est disposée une roue motrice R, qu'on peut faire tourner au moyen de dents implantées sur sa tranche.

Chacune de ces roues motrices, poussée, pour l'addition, d'arrière en avant, commande le tambour qui est immédiatement à sa gauche.

Le mouvement de chaque tambour est composé de deux autres :

1° D'un mouvement angulaire d'autant de divisions qu'il y a d'unités dans le chiffre de rang correspondant du nombre ajouté, mouvement qui est proportionnel à celui de la roue motrice.

2° D'un mouvement déterminé par le report des retenues provenant des chiffres de rang inférieur inscrits sur les tambours placés à la droite de celui-ci. Ce second mouvement est tel que, lorsque le

Fig. 2.

tambour immédiatement à droite avance de dix divisions, le tambour considéré avance d'une seule division.

Pour obtenir ce mouvement composé, Tchebichef a eu recours à un train épicycloïdal ([1]) fixé à chaque roue motrice et dont les roues engrènent avec les roues dentées solidaires de chacun des tambours entre lesquels cette roue motrice est placée.

Pour réaliser exactement la combinaison de mouvements voulue, il était nécessaire et suffisant de remplir les deux conditions suivantes :

1° Le nombre des divisions, c'est-à-dire des dents extérieures, des roues motrices, et le nombre des divisions des tambours doivent être entre eux dans le rapport de 9 à 10. En conséquence, les roues motrices portent 27 dents et les tambours 30 divisions.

2° La *raison* de chaque train épicycloïdal doit être égale à 10. En

---

([1]) Les roues constituant ces trains sont visibles en partie sur la figure 2.

conséquence, chacun de ces trains se compose de deux roues, l'une de 48, l'autre de 12 dents engrenant respectivement avec les roues de 24 et de 60 dents, ce qui donne bien la raison

$$\frac{48}{24} \times \frac{60}{12} = 10.$$

Les retenues n'influant que graduellement sur la position des tambours, celle-ci diffère de celle qui se produirait dans une machine à mouvements brusques, mais l'écart angulaire entre ces deux positions restant plus petit que la distance de deux chiffres, on a fait les lucarnes assez grandes pour qu'on puisse y voir à la fois deux chiffres du tambour. De cette façon, les vrais chiffres de la somme sont tous apparents, et toute ambiguïté dans la lecture est écartée grâce à des bandes marquées en blanc sur chaque tambour (*fig.* 1 et 2) et qui tiennent compte des écarts angulaires dans la position des chiffres du tambour suivant.

Il est important que chaque roue motrice s'arrête dans une position normale, c'est-à-dire alors que ses dents se trouvent sur certaines génératrices fixes du cylindre. Ce résultat est obtenu au moyen d'arrêts à ressorts.

Pour la remise à zéro, chaque tambour est muni, sur le côté droit, d'une rainure avec des encoches E (*fig.* 2) correspondant au commencement de chacune des trois chiffraisons. En agissant sur le bouton extérieur placé à gauche de la machine [que l'on pousse vers la lettre F (*fermé*)], on amène en face de ces diverses rainures des griffes portées par une même barre et dont la longueur va en diminuant de la droite vers la gauche. La première griffe de droite s'appuie sur la rainure correspondante, et, lorsqu'une des encoches ouvertes dans celle-ci se présente, cette griffe s'y engage et arrête le tambour qui montre alors un de ses o à la lucarne.

Dès que cette première griffe est fixée dans une encoche du premier tambour, la seconde griffe, un peu moins longue, vient au contact de la rainure du second tambour qu'on fait tourner jusqu'à ce que cette griffe se loge dans une des encoches de ce tambour, et ainsi de suite. Lorsque tous les tambours ont été ainsi mis successivement à zéro en allant de la droite vers la gauche, on repousse le bouton extérieur à l'autre extrémité de sa course marquée par la lettre L (*libre*), et toutes les griffes se dégageant des encoches correspondantes rendent libre le mouvement des tambours.

Pour opérer la soustraction, il suffit de renverser le sens de la rotation des roues motrices, c'est-à-dire de pousser celles-ci d'avant en arrière.

Multiplicateur. — La multiplication s'opère par répétition de l'addition. Cette répétition est déterminée par le multiplicateur (*fig.* 3) (¹) qui s'adapte à l'additionneur. Ce multiplicateur comprend comme partie essentielle une série d'axes en acier A disposés parallèlement

Fig. 3.

aux génératrices du cylindre de l'additionneur. Ces axes sont de longueurs différentes, de façon que la roue dentée B que chacun d'eux porte à son extrémité engrène avec une roue motrice différente de l'additionneur.

Ces roues dentées sont à 4 dents, d'une forme spéciale destinée à faciliter leur introduction entre les dents des roues motrices de l'additionneur.

L'autre extrémité de chaque axe porte un pignon P, à 4 dents éga-

───────────────

(¹) Le multiplicateur est représenté sur la figure 3, partiellement démonté, après enlèvement de l'enveloppe cylindrique percée de rainures longitudinales et du compteur à rainures transversales (*fig.* 4).

lement, qui peut glisser sur l'axe, mais qui porte une saillie s'enga-
geant dans une rainure creusée dans cet axe, de sorte que celui-ci
est entraîné dans le mouvement de rotation du pignon.

Un cylindre C, dont l'axe prolonge celui de l'additionneur, porte
des dents qui peuvent engrener avec les divers pignons. Ces dents
sont disposées, sur les tranches successives de ce cylindre, respectivement au nombre de 9, de 8, de 7, ..., et de o.

Supposons l'un des pignons arrêté en face de la tranche de 6 dents.
Chaque fois qu'une de ces dents poussera une des dents du pignon,
une dent de la roue de transmission placée à l'autre extrémité du
même axe poussera également une dent de la roue motrice correspondante, et fera avancer celle-ci d'une division. Par suite, après un
tour complet du cylindre, cette roue motrice aura avancé de 6 divisions. De là, le moyen de faire inscrire à l'aide d'un seul tour du
cylindre C, par les tambours de l'additionneur, un nombre donné,
marqué au moyen des pignons par l'intermédiaire des boutons i ($fig.$ 4).

Il faut remarquer que, par suite de la liaison établie entre les tambours consécutifs par le train épicycloïdal engrenant avec l'un et
l'autre, on ne saurait agir simultanément sur deux roues motrices
consécutives. Afin de tourner cette difficulté, on a disposé les dents
du cylindre central et celles des pignons de telle sorte que les premières ne puissent jamais être en prise *simultanément* avec les dents
de deux pignons consécutifs. Si, d'après leur rang, on distingue les
pignons en pairs et en impairs, on peut dire que, dans son mouvement de rotation, le cylindre central pousse alternativement une
dent des pignons pairs et une dent des pignons impairs.

Enfin, pour rendre absolument impossibles les fautes qui naissent
de ce que les pignons, par suite de leur inertie, ne s'arrêtent pas
toujours à l'instant voulu, Tchebichef a donné aux dents des
pignons et du cylindre une forme telle que les pignons ne restent
jamais libres et, par conséquent, cessent de tourner au moment où
les dents du cylindre ne les poussent plus.

On voit comment, avec la machine qui vient d'être décrite, on
pourrait faire le produit d'un multiplicande écrit avec les boutons i
par un multiplicateur de plusieurs chiffres.

L'additionneur étant poussé à bloc sous l'appareil multiplicateur
($fig.$ 4), on donnerait autant de tours de manivelle qu'il y a d'unités
dans le chiffre de l'ordre décimal le plus élevé du multiplicateur,
puis on ferait avancer l'additionneur d'une quantité égale à l'écarte-

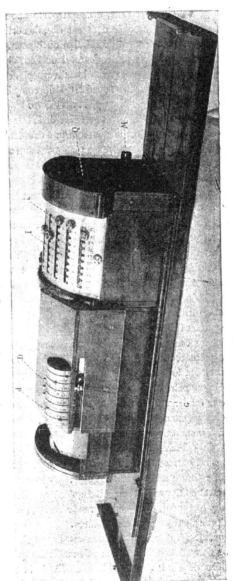

Fig. 4.

ment de deux roues motrices, et l'on donnerait autant de tours de manivelle qu'il y a d'unités dans le second chiffre (à partir de la droite) du multiplicateur, et ainsi de suite.

Il semble au premier abord qu'il faille deux manivelles pour la réalisation de ces deux espèces de mouvement, l'une servant à faire tourner le cylindre central, l'autre un écrou poussant l'additionneur par l'intermédiaire d'un châssis approprié.

Tchebichef a adopté une combinaison mécanique qui permet d'effectuer ces deux opérations au moyen d'une seule manivelle M. Voici comment :

Le mouvement de la manivelle se transmet à un train épicycloïdal dont les roues extrêmes commandent l'une le cylindre central, l'autre l'écrou.

Pour que le mouvement se transmette tantôt à l'un des systèmes, tantôt à l'autre, il faut alternativement opposer à chacun d'eux un obstacle qui l'immobilise complètement.

Voici comment Tchebichef y est parvenu :

Il a disposé, sur la face avant de la machine, une sorte de compteur D constitué par des roues dentées munies chacune à sa périphérie d'un bouton *d* (*fig.* 4) mobile dans une rainure graduée. Nous appellerons ces roues les *directrices,* car, ainsi qu'on va le voir, ce sont elles qui dirigent le mouvement.

Un curseur G, muni d'un doigt, peut glisser parallèlement à l'axe de ces roues.

Lorsque le bouton *d* d'une des roues directrices est au fond de la rainure correspondante, chiffrée o, la roue présente en face du doigt du curseur un creux assez profond pour permettre le passage de celui-ci. Lorsque le bouton est amené en un autre point de la rainure, par exemple celui numéroté 5, il faut que la directrice tourne de 5 dents pour que le creux profond revienne en face du doigt du curseur.

Le mouvement des directrices est lié à celui du cylindre central par l'intermédiaire d'un pignon porté par le curseur et d'un tambour denté s'étendant sur toute la longueur occupée par ces directrices et qui tourne d'une dent lorsque le cylindre central fait un tour.

Le mouvement du curseur G est lié à celui de l'écrou qui fait avancer l'additionneur. Lorsque celui-ci avance de l'espace compris entre deux roues motrices consécutives, le curseur franchit l'écartement de deux roues directrices.

Pour expliquer clairement le mode de fonctionı.ᵃment résultant de cette combinaison de mécanismes, supposons que l'oı. multiplie par 365.

Le bouton *i* de la première directrice de gauche ayant été amené en face du chiffre 3, celui de la deuxième en face du chiffre 6, celui de la troisième en face du chiffre 5, on pousse le curseur G au fond de sa course vers la gauche. Son doigt s'appuyant contre la face de la première directrice, il ne peut progresser; par conséquent, le mouvement de tout l'ensemble mécanique qui y est lié est impossible; l'écrou ne peut fonctionner. C'est donc au cylindre central que va se transmettre le mouvement de la manivelle. A chaque tour de ce cylindre, la première directrice qui engrène avec le pignon du curseur va avancer d'une dent. Après trois tours, elle aura avancé de trois dents; son bouton se sera logé au fond de sa rainure; elle ne pourra plus tourner; le mouvement du cylindre central sera donc lui-même arrêté. Mais le bouton étant à zéro, le creux profond se trouve en face du doigt du curseur; celui-ci peut donc maintenant se mouvoir; et c'est l'ensemble mécanique lié à l'écrou qui va dès lors obéir à la manivelle.

Il en sera ainsi jusqu'à ce que le doigt du curseur vienne buter contre la deuxième directrice. A ce moment, le mouvement du curseur sera arrêté; mais le pignon porté par celui-ci étant venu en prise avec la seconde directrice, c'est l'ensemble mécanique lié au cylindre central qui va entrer en mouvement jusqu'à ce qu'à son tour le bouton de cette seconde directrice soit venu buter au fond de sa rainure, c'est-à-dire après six tours du cylindre.

Comme précédemment, le curseur sera ensuite amené contre la troisième directrice, et celle-ci tournera jusqu'à ce que le cylindre ait fait cinq tours.

Par un mouvement continu de la manivelle, on aura donc multiplié d'abord par 3, puis, après être descendu d'un ordre décimal, par 6, et encore, après être descendu d'un ordre décimal, par 5, c'est-à-dire qu'on aura bien multiplié par 365.

Le dispositif qui vient d'être décrit, et qui permet de commander au moyen d'une seule manivelle les divers mouvements que doit réaliser la machine, est théoriquement des plus remarquables; mais, en raison de sa complication, on est amené à se demander s'il ne vaudrait pas mieux, au point de vue pratique, s'en tenir aux deux manivelles dont il a été question plus haut pour la facilité de l'explication. L'une de ces manivelles agirait directement sur le cylindre central, l'autre sur l'écrou servant à faire progresser le châssis mobile. On pourrait d'ailleurs toujours faire en sorte que chacune d'elles se trouvât arrêtée au moment voulu dans son mouvement, de sorte que l'on n'aurait à passer de l'une à l'autre que lorsque le mouvement de la première se trouverait mécaniquement enrayé. La seule différence avec la manivelle unique, au point de vue du mode d'emploi, consisterait donc en ceci : lorsque le mouvement d'une des deux manivelles se trouverait arrêté, on n'aurait qu'à continuer le mouvement avec l'autre. Cette sujétion serait, à la vérité, tout à fait insignifiante et l'on aurait, d'autre part, l'avantage, grâce à une plus grande simplicité du mécanisme, de pouvoir tourner plus vite. Cette observation a eu la complète approbation de Tchebichef; c'est pourquoi nous avons cru pouvoir nous permettre de la consigner ici.

INSTRUCTION POUR L'EMPLOI DE LA MACHINE.

ADDITIONNEUR.

(I) *Mise à zéro.* — L'additionneur est supposé extrait de la machine (il suffit, pour cela, de le tirer à la main) et placé devant l'opérateur, de telle sorte que celui-ci lise les chiffres inscrits, tant dans les lucarnes que sur le cylindre, dans leur position normale. Voici quelle est dès lors l'opération à exécuter pour la mise à zéro :

1° Pousser le verrou placé sur la face gauche de l'instrument à l'extrémité de sa course marquée par la lettre F (*fermé*);

2° En allant de droite à gauche, faire tourner à la main chaque roue motrice R (*fig.* 1) jusqu'à ce qu'elle s'arrête d'elle-même;

3° Rendre le mécanisme libre en repoussant le verrou de la face gauche à l'extrémité de sa course marquée par la lettre L (*libre*).

Lorsqu'on a omis d'effectuer cette dernière opération et qu'on essaye de replacer l'additionneur sous le multiplicateur, un buttoir empêche qu'il puisse être poussé à bloc.

(II) *Addition.* — Ajouter un chiffre sur un des tambours consiste à prendre le cran de la roue motrice correspondante (placée à droite de ce tambour), qui se trouve dans la rangée numérotée au moyen de ce chiffre, et à amener ce cran dans la rangée numérotée o.

Cela posé, ayant fait choix d'un des tambours pour y marquer les unités (ce qui définit en même temps, en prenant de droite à gauche les tambours consécutifs, celui des dizaines, celui des centaines, etc.), pour *ajouter un nombre*, il suffit, ainsi qu'il vient d'être dit, d'ajouter ses divers chiffres sur les tambours correspondants.

(III) *Soustraction*. — Retrancher un chiffre sur un des tambours consiste à prendre le cran de la roue motrice correspondante, qui se trouve dans la rangée numérotée o, et à amener ce cran dans la rangée numérotée au moyen de ce chiffre.

Cela posé, pour *retrancher un nombre*, il suffit de retrancher ses divers chiffres sur les tambours correspondants.

Pour faire une soustraction, il suffit donc, l'additionneur étant préalablement remis à zéro, d'ajouter le plus grand nombre (II), puis de retrancher le plus petit (III).

(IV) *Lecture du résultat*. — Partant du chiffre unique qui apparaît dans la première lucarne de droite, on n'a qu'à suivre la bande blanche dont les éléments successifs se raccordent d'un tambour à l'autre et à relever les chiffres successifs qui paraissent sur cette bande blanche. Ainsi, sur la figure 1, on lit dans les lucarnes, en allant de droite à gauche, le nombre 3 191 730 454.

MULTIPLICATEUR.

(V) *Mise à zéro*. — L'appareil est supposé placé devant l'opérateur de telle sorte que celui-ci lise les chiffres inscrits dans leur position normale.

La manivelle, alors placée sur la droite, doit être sortie de son logement, ce qui s'obtient en appuyant avec l'ongle sur la base cubique de cette manivelle.

Pour mettre la machine dans sa position initiale, c'est-à-dire pour ramener le châssis mobile à bloc contre la partie fixe lorsque cela n'a pas lieu, il faut :

1° Pousser le verrou placé sur la face droite de l'instrument à l'extrémité arrière de sa course marquée par la lettre R (*retour*);

2° Tourner la manivelle dans le sens du mouvement des aiguilles d'une montre (indiqué d'ailleurs par une flèche affectée de la lettre R) ;

3° Repousser le verrou à l'extrémité avant de sa course marquée par la lettre A (*aller*).

(VI) *Inscription d'un nombre sur l'indicateur.* — L'*indicateur* est l'enveloppe cylindrique I (*fig.* 4) percée de rainures à crans que l'opérateur voit sur sa droite.

En poussant les boutons *j* fixés aux bords extrêmes de l'indicateur, on imprime à celui-ci un léger mouvement de rotation d'arrière en avant qui dégage les boutons inscripteurs *i* des crans où ils étaient engagés.

Ces boutons pouvant alors glisser dans les rainures peuvent être amenés en face du cran correspondant à un chiffre quelconque.

Numérotons les rainures d'avant en arrière comme cela a lieu pour les rangées de l'additionneur, c'est-à-dire appelons rainure n° 1 celle qui est le plus en avant de l'appareil, rainure n° 2 la suivante, etc.

Cela posé, pour inscrire un nombre, on marque le chiffre de l'ordre décimal le plus haut dans la rainure n° 1, en amenant le bouton correspondant en face du cran marqué par ce chiffre, le chiffre suivant dans la rainure n° 2, et ainsi de suite, de telle sorte que les chiffres marqués dans les rainures successives reproduisent dans l'ordre habituel le nombre donné pour un observateur placé sur la face de la machine où est la manivelle.

Après avoir eu soin de pousser en face du zéro chacun des boutons non employés, on engage tous les boutons dans les crans correspondants de l'indicateur en imprimant à celui-ci, d'avant en arrière, une rotation égale à celle qui lui avait d'abord été donnée d'arrière en avant.

(VII) *Inscription d'un nombre sur le compteur.* — Le *compteur* est la partie cylindrique D, percée de rainures circulaires, qui se trouve sur le devant de la machine et au-dessous de laquelle on voit un curseur G, mobile dans une glissière.

Le curseur étant poussé à l'extrémité droite de la glissière, on écrit les nombres sur ce compteur dans l'ordre habituel en amenant avec le doigt les boutons inscripteurs *d* en face des chiffres voulus, la première rainure de gauche correspondant à l'ordre décimal le plus élevé.

Il faut ensuite avoir soin, en l'inclinant en avant par pression sur la saillie qu'il présente, de *ramener le curseur G à l'extrémité gauche de la glissière,* comme si l'on *soulignait* le nombre inscrit.

(VIII) *Multiplication.* — L'additionneur et le multiplicateur étant mis à zéro [(I) et (V)], on pousse le premier à bloc sous le second. On inscrit le multiplicande sur l'indicateur (VI) et le multiplicateur sur le compteur (VII) en ayant bien soin de *souligner.*

Après s'être assuré que le verrou de droite est bien poussé à l'extrémité A de sa course, on tourne la manivelle dans le sens contraire de celui du mouvement des aiguilles d'une montre (indiqué par une flèche affectée de la lettre A) jusqu'à ce que, *tous les boutons de l'indicateur étant revenus à leur position initiale, l'écrou du châssis mobile recommence à tourner.*

On lit alors le résultat dans les lucarnes de l'additionneur (IV).

(IX) *Division.* — On inscrit sur l'additionneur (II) le complément du dividende, en faisant correspondre aux décimales de l'ordre le plus élevé le second tambour à partir de la gauche.

Puis, le multiplicateur étant à zéro (V), on pousse le premier à bloc sous le second. On inscrit le diviseur sur l'indicateur (VI) et l'on amène à 9 tous les boutons du compteur, en ayant bien soin de *souligner* (VII).

On tourne alors comme pour la multiplication (flèche A), mais en s'arrêtant pour chaque ordre décimal au moment où le résultat lu sur l'additionneur est sur le point de dépasser le nombre formé par l'unité inscrite sur le premier tambour à gauche, suivie de zéros sur tous les autres tambours. Si l'on franchit ce moment, il suffit de donner un tour en arrière.

Lorsqu'on en est là, on incline le curseur en avant par pression sur la saillie qu'il présente, de façon à lui faire franchir la roue du compteur avec laquelle il était en contact et, en même temps, on tourne la manivelle pour faire avancer le châssis par l'intermédiaire de l'écrou. Dès que le curseur a franchi la roue, on le laisse revenir dans sa position normale pour qu'il vienne s'appuyer contre la roue suivante avec laquelle on recommencera de même.

Les chiffres en face desquels, à la fin de l'opération, sont arrêtés les boutons du compteur sont les compléments à 9 des chiffres du quotient, et le nombre lu dans les lucarnes du résultat est le complément du reste.

La virgule doit être mise après le chiffre dont le rang, pris à partir de la gauche sur le compteur, est donné par la différence entre le nombre des chiffres du dividende et le nombre des chiffres du diviseur, augmentée de 1.

Voici, afin d'éclaircir ces explications un peu délicates, un exemple numérique :

Soit à diviser 236 548 par 3141.

J'inscris sur l'additionneur le complément du dividende en laissant libre la première case à gauche, c'est-à-dire que le nombre lu, après inscription, est

$$0\ 763\ 452\ 000.$$

Je pousse l'additionneur à bloc sous le multiplicateur.

J'inscris 3141 sur l'indicateur, je mets les boutons du compteur à 9 et je souligne avec le curseur.

Je vois qu'un tour du cylindre donné alors que le curseur est en contact avec la première dent ferait dépasser le but (1 000 000 000), car ce tour de cylindre ajouterait 3141 à 7634. Je fais donc franchir la première roue au curseur en faisant avancer le châssis d'un cran avec la manivelle. Le curseur étant venu au contact de la seconde roue, je continue à tourner jusqu'au moment où je lis dans les lucarnes du résultat

$$0\ 983\ 322\ 000,$$

parce qu'un tour du cylindre ajoutant 3141 à 8332 ferait dépasser 1 000 000 000. Je fais donc franchir au curseur la deuxième roue, et je recommence avec la troisième jusqu'à ce que je lise

$$0\ 999\ 027\ 000\ ;$$

de même avec la quatrième jusqu'à ce que je lise

$$0\ 999\ 969\ 300.$$

Je suppose que j'arrête l'opération à ce moment. Le reste est alors 307 et je lis alors sur le compteur

$$9\ 246\ 999.$$

Les chiffres du quotient sont donc

$$0\ 753\ 000.$$

Le dividende ayant deux chiffres de plus que le diviseur, je dois mettre la virgule après le troisième chiffre. Le quotient est donc

$$75,3.$$

(**X**) *Rabattement de la manivelle.* — Pour rabattre la manivelle dans son logement, il faut presser avec le doigt sur le poussoir Q (*fig.* 4) dont la tête apparaît sur le disque que la manivelle entraîne dans son mouvement.

II. — Note sur la machine à différences
Système G. et E. Scheutz ([1]).

1. Soit u une fonction de x, qui, pour les valeurs équidistantes

$$x, \quad x + \Delta x, \quad x + 2\Delta x, \quad x + 3\Delta x, \quad x + 4\Delta x,$$

prend des valeurs représentées par

$$u_0, \quad u_1, \quad u_2, \quad u_3, \quad u_4, \quad \dots$$

L'excès d'une quelconque de ces valeurs u_{n+1} sur la précédente u_n étant désigné par Δu_n, on aura la série des différences premières

$$\Delta u_0, \quad \Delta u_1, \quad \Delta u_2, \quad \Delta u_3, \quad \dots,$$

et de la même manière celle des différences secondes

$$\Delta^2 u_0, \quad \Delta^2 u_1, \quad \Delta^2 u_2, \quad \dots,$$

celle des différences troisièmes

$$\Delta^3 u_0, \quad \Delta^3 u_1, \quad \Delta^3 u_2, \quad \dots$$

et celle des différences quatrièmes

$$\Delta^4 u_0, \quad \Delta^4 u_1, \quad \dots,$$

à laquelle nous nous arrêterons.

On sait (p. 81) de quelle manière, inversement, lorsqu'on connaît par exemple

$$u_0, \quad \Delta u_0, \quad \Delta^2 u_0, \quad \Delta^3 u_0,$$

plus la série des différences quatrièmes

$$\Delta^4 u_0, \quad \Delta^4 u_1, \quad \dots,$$

immédiatement consécutives, on peut obtenir les valeurs de

$$u_1, \quad \Delta u_1, \quad \Delta^2 u_1, \quad \Delta^3 u_1.$$

([1]) On rappelle que le mode de description ici donné est emprunté au lieutenant-colonel Bertrand.

On a, en effet, par addition,

$$\Delta^3 u_1 = \Delta^3 u_0 + \Delta^4 u_0, \qquad \Delta^2 u_1 = \Delta^2 u_0 + \Delta^3 u_0,$$

$$\Delta u_1 = \Delta u_0 + \Delta^2 u_0, \qquad u_1 = u_0 + \Delta u_0;$$

une nouvelle série d'additions permettra de calculer le groupe

$$u_2, \quad \Delta u_2, \quad \Delta^2 u_2, \quad \Delta^3 u_2,$$

et ainsi de suite.

A cette marche du calcul, qui est habituellement suivie lorsqu'on exécute le calcul à la main et qui l'a été effectivement dans la confection des Tables du Cadastre, sous la direction de Prony (p. 104), on peut en substituer une autre légèrement différente.

Partons du groupe

$$(1) \qquad u_2, \quad \Delta u_1, \quad \Delta^2 u_1, \quad \Delta^3 u_0,$$

auquel nous joindrons comme toujours la série des différences quatrièmes,

$$\Delta^4 u_0, \quad \Delta^4 u_1, \quad \Delta^4 u_2, \quad \dots.$$

On aura par une première série d'additions

$$\Delta^3 u_1 = \Delta^3 u_0 + \Delta^4 u_0, \qquad \Delta u_2 = \Delta u_1 + \Delta_2 u_1,$$

puis par une deuxième série, à l'aide des valeurs ci-dessus,

$$\Delta^2 u_2 = \Delta^2 u_1 + \Delta^3 u_1, \qquad u_3 = u_2 + \Delta u_2,$$

et le groupe (1) se trouvera remplacé par le groupe

$$(2) \qquad u_3, \quad \Delta u_2, \quad \Delta^2 u_2, \quad \Delta^3 u_1,$$

dans lequel tous les indices ont augmenté d'une unité. On pourra donc continuer ainsi indéfiniment. Tel est l'ordre selon lequel procède la machine Scheutz.

2. On ne cherchera pas ici à exposer le fonctionnement détaillé de cette machine; l'on n'y parviendrait d'ailleurs qu'à l'aide de nombreuses figures, en raison de la multiplicité des pièces qui se masquent les unes les autres. Mais on cherchera à en donner une idée assez approchée en faisant subir aux organes tournants une transformation bien connue qui consiste à les développer sur un plan. Une roue dentée devient alors une crémaillère, et un mouvement de rotation

se trouve changé en une translation. La partie essentielle de la machine se trouve ainsi représentée par la figure 1 dans laquelle les crémaillères C_0, C_1, C_2, C_3, C_4 correspondent aux anneaux. (Si l'on s'arrête aux différences 4, la crémaillère C_4 n'a pas besoin de dents :

Fig. 1.

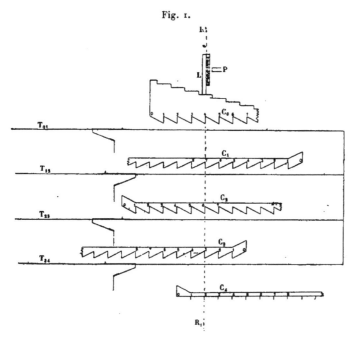

on s'est borné, sur la figure, à représenter des divisions égales). Les tiges T_{01}, T_{12}, T_{23}, T_{34} correspondent aux plateaux (visés p. 85); comme ceux-ci sont calés sur un même axe vertical, ces tiges se déplacent toutes ensemble de gauche à droite, puis de droite à gauche.

3. Le mécanisme de report des différences, que nous appellerons *additionneur*, peut être figuré dans notre système d'anamorphose, par la pièce *abcdef*, laquelle est articulée en *c* sur la tige (*fig.* 2).

Lorsqu'il subit une pression dans le sens *gh*, le bras articulé et pendant librement *ef* cède. Au contraire, un effort *hg* fait tourner autour de *c* tout le système. En même temps, la pièce *bk*, articulée en *b*, se relève à la façon d'une servante de charrette et vient caler l'additionneur qui reste relevé (*fig.* 3) même lorsque cesse la pression sur *ef*, et peut engrener dans la crémaillère au-dessus. Lorsque

Fig. 2.

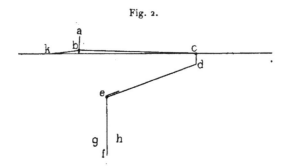

bk passe devant la verticale RR_1 (*fig.* 1), elle rencontre un doigt en saillie qui la renverse et fait retomber l'additionneur, lequel reprend la position de la figure 2.

4. Ceci posé, revenons à la figure 1. Inscrivons les différences paires $\Delta^4 u_0$, $\Delta^2 u_1$ et la fonction u_2 en faisant glisser les crémaillères C_4, C_2, C_0 d'un nombre correspondant de dents vers la gauche, à partir de la verticale RR_1, et les différences impaires $\Delta^3 u_0$, Δu_1 en faisant glisser

Fig. 3.

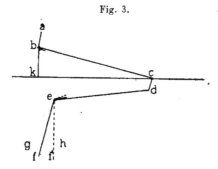

les crémaillères C_3, C_1, vers la droite (sur la figure 1, on a supposé $\Delta^4 u_0 = 2$, $\Delta^3 u_0 = 3$, $\Delta^2 u_1 = 6$, $\Delta u_1 = 7$, $u_2 = 4$); puis faisons mouvoir l'ensemble des tiges de gauche à droite.

L'additionneur de la tige T_{34}, s'armant au contact de la saillie de l'extrémité de la crémaillère C_4, c'est-à-dire à $\Delta^4 u_0$ rangs vers la gauche, pour se désarmer vis-à-vis de RR_1, restera relevé sur un trajet $\Delta^4 u_0$ et fera avancer d'autant vers la droite la crémaillère C_3 qui marquera dès lors

$$\Delta^3 u_0 + \Delta^4 u_0 = \Delta^3 u_1.$$

De même l'additionneur 12, armé par la crémaillère C_2 sur un trajet $\Delta^2 u_1$ fera avancer de $\Delta^2 u_1$ la crémaillère C_1 qui marquera ainsi

$$\Delta u_1 + \Delta^2 u_1 = \Delta u_2.$$

Alors survient un mouvement de droite à gauche dans lequel, d'une manière absolument semblable,

$$\Delta^2 u_1 \text{ accru de } \Delta^3 u_1 \quad \text{devient} \quad \Delta^2 u_2$$

et

$$u_2 \text{ accru de } \Delta u_2 \quad \text{devient} \quad u_3,$$

et le groupe (1) est bien transformé dans le groupe (2).

On voit que, sous le rapport de la fonction ci-dessus, la machine Scheutz rentre dans la catégorie de celles à contact intermittent (p. 66).

5. Il reste à stéréotyper la valeur u_3. A cet effet, la crémaillère C_0 est accolée à une pièce rigide taillée en gradins de hauteurs proportionnelles aux nombres naturels 0, 1, 2, 3, 4, ... et contre laquelle vient buter une tige portant latéralement en relief des types représentant les chiffres ci-dessus, dont chacun occupe un espace égal à la hauteur d'un gradin. Une lame de plomb P placée convenablement verra donc devant elle le chiffre qui représente la valeur de u_3, et, pressée, elle en prendra l'empreinte.

6. En répétant quinze fois le mécanisme ci-dessus et en ajoutant un dispositif de report des retenues, on pourra réduire à 10 le nombre des dents de chaque crémaillère et opérer sur des nombres de 15 chiffres. Ce mécanisme de report de retenues ne diffère pas essentiellement de ceux des autres machines arithmétiques décrites dans le présent Ouvrage. Les tiges (en réalité roues) des types sont toutes juxtaposées, de sorte que leurs chiffres, s'alignant à la suite l'un de l'autre, impriment le nombre cherché sur la lame de plomb.

7. Lorsqu'on opère sur une fonction entière du 4e degré au plus, la différence 4e est rigoureusement constante et il n'y a jamais lieu

D'O.   14.

de toucher à la crémaillère (anneau) C_4. Tous les nombres formés sont exacts jusqu'au 15ᵉ chiffre.

Mais généralement la fonction est plus compliquée et la différence 4ᵉ varie lentement. Il en résulte, sur les différences 3ᵉ, 2ᵉ, 1ʳᵉ et sur la fonction elle-même, des erreurs qui croissent progressivement en s'accumulant et qui faussent le nombre obtenu, à partir de la droite. Aussi ne stéréotype-t-on que les 7 chiffres de gauche; on fait fonctionner la machine tant que l'erreur n'a pas atteint le 8ᵉ chiffre, et l'on obtient ainsi une série de valeurs dont tous les chiffres conservés sont exacts; le nombre peut en être déterminé à l'avance. On forme ensuite un nouveau groupe de valeurs de départ exactes, puis l'on recommence comme précédemment.

Si au lieu de s'arrêter à la différence 4ᵉ on allait jusqu'à la différence 5ᵉ, ... 10ᵉ, ..., 27ᵉ, comme y a songé M. Bollée (p. 88), l'opérateur gagnerait, en compensation de l'accroissement de complication et de poids, l'avantage de n'intervenir que plus rarement pour introduire de nouvelles valeurs de départ exactes.

INDEX ALPHABÉTIQUE.

Notations abréviatives.

Nota. — Si l'une de ces notations est suivie d'une parenthèse, celle-ci sert à indiquer l'objet spécialement visé.

Les numéros qui accompagnent les citations désignent les pages correspondantes, et, au besoin, les notes en renvoi au bas de ces pages. Si l'une de ces notes déborde sur la page suivante et que la citation se rapporte à cette seconde partie, l'indication en est donnée au moyen d'un astérisque.

TABLE DES MATIÈRES.

FIN DE LA TABLE DES MATIÈRES.

35698   Paris, Imprimerie GAUTHIER-VILLARS, quai des Grands-Augustins, 55.

www.ingramcontent.com/pod-product-compliance
Lightning Source LLC
LaVergne TN
LVHW012203040326
832903LV00003B/100